JN060116

有機農業のチカラ

コロナ時代を生きる知恵

大江正章

コモンズ

まえがき

私たちはこれからコロナ時代（コロナ禍、コロナ危機）を生きざるをえない。新型コロナウイルスに関連しては、さまざまな立場や専門の人からほぼ共通して次のようなことが言われている。たとえば、最近の論稿から三つ引用しよう。

「次にやってくる社会は、今までとは違ったものにならざるを得ないだろう」（科学思想史・科学哲学の村上陽一郎）／「（世の中は）異常なほどの大量のモノとヒトが日々移動している世界である」（理論物理学の北原和夫）（ともに村上陽一郎編『コロナ後の世界を生きる――私たちの提言』岩波新書、２０２０年）

「新型コロナウイルスとは、規制なき暴力的な新自由主義的略奪採取様式の手で40年にわたり徹底的に虐待されてきた自然からの復讐だと結論づけられるであろう」（経済地理学のデヴィッド・ハーヴェイ「ＣＯＶＩＤ‐19時代の反キャピタリズム運動」『世界』２０２０年6月号）

要するに、コロナ時代（コロナ禍、コロナ危機）とは化石燃料と原子力発電に依存した大量生産・大量消費・大量廃棄を前提とする異常な産業社会・新自由主義経済が招いた当然の帰結であるというわけだ。

一方で、感染拡大の原因とも言われるいわゆる「三密」が都市特有の問題であることをどれだけの人が真剣に認識しているだろうか。農山村には会合など特別な機会を除いて「三密」は発生しない。通勤ラッシュも存在しない。田畑でも通常、間隔を開けて作業している。役所業務などは工夫が可能である。いまもうひとつ見直すべきは、異常な都市集中社会の構造的問題である。便利で快適な暮らしは、ウイルスや感染症に対して脆弱なのだ。

実際、２０２０年10月5日現在、新型コロナウイルス感染者数が少ない4県は、岩手、鳥取、青森、秋田。すべてが県土の大半を過疎地域が占める。最小の岩手県は本州で最も面積が広い。１㎢あたり人口密度は80・29人で、本州で最も少ない。だから、「三密」にはなりにくい。

これらの県は食料自給率が高い。岩手県は１０１で6位、鳥取県が63で17位、青森県が１１７で3位、秋田県が１８８で2位である。危機に瀕したとき、本当に大切なのはカネではない。モノと人間関係だ。カネはなくてもモノと人間関係があれば生きていける。ぼくは改めて思う。ストックと開かれた自給システムの重要さを。東日本大震災のときと同様に、今回も都会のスーパーでは食料品の買い占めが起きたではないか。

コロナ禍に際して、あまり指摘されてこなかった脆弱さがある。それは食料自給だ。日本の食料自給率は38％(２０１９年度)ときわめて低い。米輸出国一位のベトナムと三位のインドは一時的に米輸出を停止した。これは、誰も非難できない。自国民の食糧を優先するのは当たり前である。仮に輸入が途絶えれば、きわめて大きな問題が起きる。

日本の農業は１９６１年制定の農業基本法以来、大規模化・化学化・施設化・専作化・機械

化などを追い求めてきた。それは、石油資源と化学合成農薬・化学肥料に依存した農業である。最近では「攻めの農業」の名のもとに、輸出やＩＣＴ化ばかりが目指されている。この間、食料自給率は79％から半減した。農業人口の減少と高齢化にも歯止めがかからない。

いまこそ、こうした農業の在り方を見直すときである。自給や地産地消（地消地産）を重視し、日本農業を下支えしてきた中小規模の兼業農家も支援し、非農家出身の新規就農者の急増や田園回帰の波に、産業政策としても地域政策としても対応すべきだ。それは国土の７割を森林が占める日本の地形や風土に適合した合理的な選択でもある。

そして、そこで何より求められるのは、化学合成農薬・化学肥料に依存せず、持続可能な社会を創る有機農業である。それは、１９５０年代までの各国農業の伝統を再発見しつつ、新たな技術や知恵を取り入れ、なおかつ国連が推奨する「家族農業の10年」（２０１９～28年）に応えることでもある。ところが、日本は他国に比べて有機農業支援政策が大きく遅れている。

「新しい生活様式」の大前提は、経済成長ばかりを追い求めないこと。見直すべきは脆弱な都市型社会と過剰な便利さの追求であり、取り入れるべきは第一次産業の重視とさまざまなレベルにおける食の自給だ。それこそがコロナ時代を生きる知恵であり、コロナ禍に打ち勝つ道である。

本書では、持続可能な21世紀・22世紀を私たちの子孫とすべての生き物に残すために何が必要なのか、有機農業を軸に考えることにしたい。

有機農業のチカラ●もくじ

プロローグ

有機農業的感性と田園回帰

一　日本の有機農業と日本有機農業学会

２０１９年12月に日本有機農業学会は設立20周年を迎えた。当初から08年までは分かりやすい「学会誌」兼「啓発書」として『有機農業研究年報』(全8巻、コモンズ)の編集に携わり、12年度からは理事を務めてきた者として感慨深い。

学会設立の中核を担った故・足立恭一郎氏(農林水産政策研究所、以下を含めて所属は当時)から学会誌の編集を依頼された私は当初、「学会は専門性に閉じ込もった閉鎖的な組織なので興味がない」と断った。それに対して足立氏が「有機農業運動と連携する開かれた学会にする」という強い決意を語ったことを、いまも鮮明に覚えている。それを象徴する文章を創刊号の「発刊にあたって」から引用する。[1]

「近代農業を支配する現代工業社会のパラダイムの呪縛から脱却し、現代のトレンドを「人間的『生』の真の充足という転換軸」に向けてシフトさせることをめざす有機農業の研究にはパラダイム転換、すなわち「有機農業的感性（センス）」が必要とされる」

「生産者や消費者を「同時代を生きる同行者」と捉え、日本の食・農・環境・生命を腐蝕から守るために彼らと連携しなければ、「有機」を戴く「学」としての新機軸も生まれないのではないか」

実際、日本有機農業学会はこれまでの学会とは異なる存在として、有機農業推進法の制定（2006年）や東京電力福島第一原子力発電所事故（11年）による放射能汚染対策に代表されるように、日本の食・農・環境を変える方向で大きな役割を果たしたことを明記しておきたい。前者では足立氏や本城昇氏（埼玉大学）、後者では故・野中昌法氏（新潟大学）や中島紀一氏（茨城大学）の献身的な尽力があった。また、中島氏や故・本田廣一氏（興農ファーム）を中心に、農林水産省の政策形成に一定の影響を与えた時期もある。しかしながら、10年代半ば以降は活動がやや停滞したことも否めない。

本稿では20周年を機に日本の有機農業の到達点を整理し、今後の方向性について提起したい。

二　有機農業の定義

有機農業は、単に農薬と化学肥料を使わない特別な農業ではない。農業が目指してきた豊かで安定した生産体系である。身近な資源を有効に活用し、外部への依存を減らしていく。そして、作物の生きる力を引き出し、健康な食べものを生産し、人間と自然・生き物・土の間に有機的な関係を創り出す営みだ。したがって、よく言われるような「もう一つの農業」ではない。人類が長年にわたって当たり前に行ってきた「本来の農業」である。[2]

２０１０年代までの有機農業の基本テキストと言える『有機農業の技術と考え方』では、中島紀一氏が次のようにまとめている。[3]

「有機農業とは自然との共生を求める農業であり、ＪＡＳ規格など特別の基準を満たすための特殊農法ではない」

「有機農業とは技術である前に心であり、暮らし方である」

「有機農業技術の基本は「低投入＝低栄養と内部循環」の追求であり、それには技術と時間の蓄積が必要で、しだいに豊かな自然共生の世界へと成熟していく」

このことは、研究者にも農業者にも、ほぼ共通認識となっている。たとえば、埼玉県小川町で有機農業を長く営む金子美登氏は、こう述べる。[4]

「当初は、牛糞を主体とした堆肥を投入していた。３年程度で、小動物や微生物があふれる生きた土ができていった。以後はしだいに堆肥施用量を減らし、現在は10ａあたり１～２ｔである」

金子氏は、有機農業を始めて約10年後に植物質主体の堆肥へ切り替え、投入量の減少と相まって、病害虫の被害は大きく減ったという。

なお、最近増えている自然農法と有機農業の違いについては、故・明峯哲夫氏（農業生物学研究室）が農家調査に基づいて的確に述べている。[5]

「せっせと堆肥を投入し、土づくりに励む有機農業。無施肥を基本とし、何もしていないようにも見える自然農法。両者は一見対照的ですが、農法の「原理」は共通と考えられる。その原理とは「有機物還元」。二つの農法の「戦略」は基本的に同じだが「戦術」が異なるというのがぼくの見方です」

自然農法は外部からの資材投入を避けるから、田畑内の作物残渣や雑草を農地に還元する。有機農業では、落ち葉や草、家畜糞を（できるだけ近隣の）外部から多く投入して土をつくる。その結果として安定した農地生態系が形成され、だんだん低投入型農業となり、自然農法に近づいていくのである。

三　有機農業の五つの波

谷口吉光氏（日本有機農業学会会長、秋田県立大学）は、有機農業を四つの波に整理する。[6]

①第一の波：１９７４年の『複合汚染』の発刊

②第二の波：１９８０年代後半の流通の広がり

③第三の波：２００６年の有機農業推進法の成立以降

④第四の波：２０１５年以降の若い世代による飛躍的な拡大と多様化

また、中島氏は有機農業推進法の制定をとくに重視している。そして、もっぱら在野の運動として進められてきた時代を第Ⅰ世紀、国・自治体と生産者が連携して取り組む国民的課題（有機農業推進法第３条・４条）として位置づけられるようになった２００７年以降を第Ⅱ世紀とする[7]。

ともに、有機農業をとりまく時代状況をよく捉えている。私自身は次のように考えてきた。

①第一の波（１９７０年代半ば）

火付け役は、作家・有吉佐和子氏が朝日新聞に連載した小説『複合汚染』だった。当時の担い手は、各地に点在する勇気ある生産者と、届いた野菜や卵などの仕分け、草取りといった援農をいとわない主婦たち。こうした生産者と消費者の顔の見える結びつきを「提携」と呼ぶ。

②第二の波（１９８０年代後半）

１９８６年のチェルノブイリ原子力発電所事故（旧ソ連）と、翌年に明らかになったポストハーベスト農薬問題が引き起こした。放射能や収穫後に散布される農薬で汚染された輸入食品への不安から、国内の安全な食べものを手に入れたいという声が広がったのだ。それに応えたのは、大地を守る会（現在のオイシックス・ラ・大地。ただし、業務内容はかなり異なる）などの有機農産物の取り扱いを中心とする流通事業体や一部の生活協同組合である。

③第三の波（1997年ごろ〜2000年ごろ）

ガット・WTO（世界貿易機関）体制のもとで米国の食料戦略の多様化、すなわち有機農産物の輸出攻勢に端を発する。前二回と大きく異なるのは、一部の外食産業やスーパー、加工食品産業、大手商社が前面に出てきたことだ。

④第四の波（2007〜09年）

有機農業推進法の成立をうけて2008年度から有機農業総合支援対策が始まる。関連予算は前年度の約8倍になった。なかでも意義深かったのは有機農業モデルタウン事業だ。同事業は自治体（公）と農業者・生活者（民）が協働・連携した取り組みで、08年度は45地区、09年度は59地区が採択される。各地区の予算は上限400万円と少額だが、新規参入（就農）希望者の相談窓口の設置、技術普及、販売促進などに多大な効果があり、有機農業者数が80％、有機農産物の取扱金額は91％の地区で増えた。有機農業者と市町村行政が連携して取り組むこと自体が初めてで、有機農業者が地域に認知されるきっかけとなった意義も大きい。

ところが、2009年8月の民主党（当時）への政権交代後の11月に行われた内閣府行政刷新会議による事業仕分けで、有機農業モデルタウン事業は廃止されてしまう。有機農業の地域への広がりは潰えたかに思われた(8)。

誤った事実認識のもとに、公的事業を減らすことが「改革」であるかの新自由主義的政策判断をした罪は重い。後継事業は生産力重視で、公共性・公益性は消えた。以後、そうした視点を持った政策は、主に中山間地域の一部の自治体が担うことになる。

⑤第五の波(2015年以降)

国が有機農業推進法第4条に定められた「有機農業の推進に関する施策を総合的に策定し、及び実施する責務を有する」に消極的であるにもかかわらず、同法の制定をきっかけとして、有機農業は地域へ広がっていった。地産地消が進み、豆腐・日本酒・製麺・醸造などの地場産業やまちづくりとの連携が深まりつつある。こうした有機農業は、自治体が支援していく公共性をもった存在と言ってよい。

一方で、オーガニックや自然農という言葉のイメージが健康やロハス、環境保全と結びついて、有機農業については詳しく知らない若い世代に好意的に感じられるようになる。その典型が秋田県男鹿市のイベントコンセプト「オガニック」だろう。非農家(食肉販売、カフェ経営、ファッション・デザインなど)の若者たちがオーガニックと「男鹿に行く」をかけて生み出した造語である。こうした動きに、地域活性化を念頭に置いた一部の市町村が呼応した。そこでは学校給食の有機化が焦点になりつつある。

四　日本の有機農業の現在

日本の2017年の有機農業の実施面積は約2万4000ha。徐々に伸びており、09年の1

万６０００haと比べると45％増だ。ただし、有機ＪＡＳ認証を取得している農地面積はあまり増えていない。以前と異なり、現在では有機ＪＡＳを取得していない有機農業の面積のほうが多く、約54％を占める[(9)]。なお、特別栽培農産物の栽培面積は約12万haで、12年以降あまり変化がない。

都道府県別の有機ＪＡＳ認証取得農地面積（２０１８年）をみると、北海道が圧倒的に多く、鹿児島県と熊本県が続く。北海道は3分の2が畑、鹿児島県では茶畑が6割強を占める。畑の面積割合では石川県や大分県が高い。石川県の畑では3％を超える。

２０１８年に有機ＪＡＳ認証を取得していた農家戸数は３７８２戸で、ピークの11年より7ポイント減った。面積と同じく、北海道、鹿児島県、熊本県が多い。有機農業への関心は高まっているものの、有機ＪＡＳ取得農家は増えていない。これは有機ＪＡＳの取得に経費と手間がかかるからである。

一方、有機ＪＡＳ認証を取得していない有機農家に関する正確なデータはない。農水省は２０１０年度の補助事業として有機農業基礎データ作成事業を行った。その推計結果（無作為に抽出した市町村における面談）によると、全国の有機農家数は７８６５戸で、トップ5は長野県、福島県、熊本県、群馬県、島根県。農家数に占める割合は、島根県が高い。これは、島根県に有機ＪＡＳを取得しない（経費や手間がかかるため取得できない）小規模農家が多いことと、県が有機農業推進政策に熱心であることを反映している。県立農林大学校にも有機農業専攻が設け

表１　新規参入者による有機農業への取り組み状況（単位：％）

	2006 年	2010 年	2013 年	2016 年
全作物で有機農業を実施	23.9	20.7	23.2	20.8
一部作物で有機農業を実施	7.3	5.9	5.7	5.9
計	31.2	26.6	28.9	26.7

（注）調査対象者は就農しておおむね 10 年以内の新規参入者。
（出典）全国農業会議所「新規就農者の就農実態に関する調査結果」（2017 年）に基づき、小口広太氏作成。

られている（全国で２県のみ）。なお、こうした数字はぼくの実感とほぼ合致する。

有機農業の実施面積が徐々に増えているとはいえ、割合で言えば全国の耕地面積の０・５％である。他国と比べると大幅に低い。たとえばイタリアは15・８％、スペインは９・６％、ドイツは９・１％だ。この３国より面積は少ないが、オーストリアは20％を超える。また、アジア諸国と比べても低い。韓国は１・５％[10]、ベトナムは２０１０年から17年で３倍に増えたという[11]。こうした数字から、日本の有機農業は限られた人が行う特別な農業であるという声をよく聞く。

しかし、最近増えている非農家出身の新規参入者は有機農業志向が強い。東京電力福島第一原子力発電所の爆発事故が起きた翌年の２０１２年以降、非農家出身の新規就農者がそれまでの１・５倍程度に増え、３５００人前後を推移している（18年度はやや減って３２４０人）。そのうち49歳以下が70％以上を占め、農家後継者の25％弱と比べると圧倒的に若い。

彼ら・彼女らは明確に有機農業志向である。**表1**に見るように、常に30％前後が有機農業を実践している。それは、都市近郊でも中山間地域でも変わらない。たとえば、東京都瑞穂(みずほ)町では2012〜17年度に12名の新規参入者(すべて40代以下)が誕生し、注目を集めている。そのほとんどは有機農業者である。実は、この傾向は以前から変わらない。1996年に開設された就農準備校では「研修農家への派遣希望を聞くと、30%は有機農家を希望します」と筆者の90年代末の取材に答えていた[12]。

彼ら・彼女らの多くは「儲かる農業」を求めてはいない。「納得できる仕事と生き方」を大切にしている。国が重視する規模拡大や輸出、専業化・専作化ではなく、生活が成り立つ規模(1〜2ha)を耕し、消費者、小売店舗、レストランなどになるべく直接届けようとする。野菜の多品種少量生産ないし中品種中量生産が中心だ。消費者との交流を求める傾向も共通している。中山間地域への就農も少なくない。その場合、林業やサービス業との兼業(半農半X)が多く、パートナーの他産業への就業も一般的である。

また、就農地で子どもが生まれるケースも多い。こうして地域に賑わいと活気をもたらす。休校や統合予定だった小学校や保育園が存続するケースも稀ではない。

なお、前述した農水省の補助事業の推計結果によれば、有機農業者の平均年齢は59・0歳で、農業者全体の66・1歳より7・1歳も若い。

また、本人は「有機農業をしている」と認識していないけれど、実質的には農薬や化学肥料をほとんど使っていない小規模兼業農家の女性や高齢者は多い。畑で抜いた草や刈った草を堆肥化して土づくりに生かす。地域の有機資源の有効活用である。彼ら・彼女らも有機農業の担い手として位置づけてよいのではないだろうか。相川陽一氏（長野大学）は島根県の中山間地域の丹念な調査を通じて、こうしたタイプの農業を「ふだんぎの有機農業」と名付けた（Ⅲの1参照）。たとえば福井県池田町では、兼業農家の女性100人を集めて「101匠の会」をつくり、独自の栽培基準と認証制度を整備。福井市内に設けたアンテナショップへ出店。無農薬野菜や手作り加工品を販売して、成功を収めている。

なお、2017年の全国の有機食品の市場規模は、消費者アンケートをもとに1850億円と推計されている。これは前回調査（09年）の1300億円の1・42倍であるが、「ほとんどすべて「有機」を購入している」者の1世帯あたり月平均有機食品購入金額は、1050円減って1万750円となった。年間消費額は11ユーロで、スイスの288ユーロ、スウェーデンの237ユーロ、オーストリアの196ユーロなどと比べると桁違いに低い（1ユーロは約125円）。ただし、自給やおすそ分けが反映されていない点に留意すべきだろう。

五　学校給食・田園回帰・有機農業

①学校給食はまちづくりの核――愛媛県今治（いまばり）市

今治市（人口約15万9000人）は、造船とタオルを地場産業とする商工業のまちである。同時に、1980年代から地産地消・有機農業・食育を推進してきた。その中心は学校給食である。そして、「今治市食と農のまちづくり条例」では、安全な食べものを生産しようとするすべての市民を農の担い手として位置づける。

今治市の学校給食はかつて2万1000食という巨大な給食センターで調理されていた。その建て替えに際して自校式を求める激しい市民運動が起き、1981年の市長選挙の争点になる。そこで自校式支持を打ち出した候補者が勝利し、83年以降、徐々に自校式(直営)に変わり、並行して地場産農産物を使用していく。2018年度現在、米は100%(すべて特別栽培米)、パン用小麦は85%(大半が減農薬栽培)、野菜は46%、果物は51%が市内産だ。人口10万人台で、農業がそれほど盛んではないことを考えると、相当に高い。ただし、市全体では、野菜・果物の有機農産物の割合は低い。

有機農産物については市内の立花有機農業研究会(事務局は今治立花農協)が立花地区の4小学校・1中学校に約1600食を供給している。有機野菜の比率は、2014〜18年度の平均で30・5%である。使用比率が高い野菜は大根、里芋、玉ねぎなどだ。

生産者は毎朝7時までに農協に野菜を持って行き、検品後、当番(生産者と農協職員)が各調理場へ運ぶ。手取り価格はだいたい市場の高値だ。通常、給食用に市場から仕入れる野菜の価格は中値だが、配達料がない分、生産者の手取り価格を高くできる。市の支出は、ほぼ変わらない。栄養士との受注交渉は農協が受け持つ。自治体・生産者・小規模農協の連携によって、このシステムは成り立っている。

また、有機農産物を使用した給食には高い食育効果がある。2013年度に26歳の全市民を対象に行ったアンケート調査では、立花地区で有機農産物を使った学校給食を食べたグループは、今治市以外の学校給食を食べたグループと比べて、「有機、無農薬栽培であることを重視」する比率と「なるべく地元産であることを重視」する比率がそれぞれ12ポイント、「食品添加物に注意している」比率が7ポイント高かった。こうした数値は03年度に行ったアンケート調査より増えており、有機農産物志向や地元志向が進んでいることがわかる。13年度には36歳(03年度の26歳)の市民も対象に調査しており、前述の志向はいっそう顕著である。これは、子育てや子どもの学校給食をとおして食のあり方を意識しているためであろう。

さらに、学校給食で郷土食を重視し、地域食材の使用比率が高くなるメニューを開発し、家庭で同じ献立を作るためのレシピ集を発刊した。これらは愛媛県の委託事業を活用し、市の一般財源からは支出していない[13]。

②わずか4年で学校給食用のお米を全量地元産有機米に――千葉県いすみ市[14]

いすみ市(人口約3万8000人)では、人口2000人以上の自治体では全国で初めて、2017年秋から学校給食用のお米をすべて地元産有機米(コシヒカリ)に切り替えた。いすみ市は、有機農業が盛んな自治体ではない。有機米の販売農家は12年時点でゼロだ。

いすみ市の農業の基幹作物は米である。だが、米価の下落が進み、65歳以上の農家の割合が全国平均を10ポイント程度上回っていた。農家の生産意欲は減退し、離農者が増え、耕作放棄地が増加し、里山は荒廃する。2005年の3町合併を機に市長に就任した太田洋氏の危機感は強かった。

千葉県(堂本暁子知事の時代)が生物多様性に関する日本初の地域戦略を策定したことをきっかけに、2013年から60代以上の兼業農家のグループが20aで有機米栽培に取り組む。だが、雑草が繁茂し、大失敗だった。

それでも、市長の強い意欲をうけて担当職員が努力し、2014年度から無農薬稲作での除草技術に優れた民間稲作研究所と委託契約を結び、有機稲作モデル事業を開始。毎年、栽培面積を増やしていく。2015年産は4・5ha(8経営体)、16トン、17年産は14ha(12経営体)、50トンに拡大。そして、市民の提言を取り入れて、この有機米を学校給食に導入することを決定。18年から、10小学校と3中学校の約2500人分42トンを供給している。子どもたちの評価は高く、残食量も減ったという。有機米の生産者手取り価格は玄米60kgあたり2万円で、農家が再生産可能な価格である。慣行米との差額支払い約500万円を含む一連の事業経費は、市の一般財源から支出されている。給食費の値上げは行っていない。

いすみ市の学校給食はセンター方式で、民間委託である。一般的には地場産農産物、まして有機農産物は導入しにくい。それでも、首長の強い姿勢、それを支える職員、農業者との協働が相まって、画期的成果が短期間で達成された。保育園給食への導入も検討中である。

さらに、2018年冬からは移住者を中心とした小規模農業者の協力を得て、小松菜や人参などの有機野菜の提供も始まった。19年度には7品目に増えている。地域の落ち葉・孟宗竹・米ぬか・海藻を材料とした土着菌完熟堆肥をつくる堆肥センターも完成。環境と経済が調和した「有機の里づくり」に向かって着々と歩んでいる。

こうした動きを反映して、移住世帯と人数は2014年度の19世帯28人から、18年度には46世帯68人に増えた。自然減が多いので人口減少に歯止めはかかっていないものの、地域が活気づいたことは間違いない。いま注目されている「にぎやかな過疎」の典型事例である。[15]

③移住者が増える山村——島根県旧柿木（かきのき）村

山間部に位置する柿木村(人口1439人。2005年に合併し、現在は吉賀町)は高度経済成長真っ只中の1970年代に、当時20代の若者たちが、有機農業による自給を優先した食べものづくりが山村の豊かさであると問題提起。椎茸・わさび・栗などの特産物の振興と有機農業が始まった。そのベースは、1頭の繁殖牛や数羽の鶏を飼い、米や大豆や多品目の野菜を作る有畜複合農業である。

学校給食への農産物供給は1982年に開始された。現在、小学校・中学校各1校約130名分の給食が、米は全量、野菜は約6割が旧村内の有機農産物でまかなわれている。生産者にとって、それはごく当たり前の営みである。給食費は２０１５年に無償化された。小学生たちは農業者たちの協力を得て、授業で米・大豆・野菜・わさびを栽培し、豆腐や味噌造りも行う。

また、行政は特段の移住推進対策を行っていないが、人と風景、地域ぐるみの取り組みに惹かれて、２００７～19年にＩターン34世帯57名が移住・定着した(人口の４％)。このうち９世帯16名が有機農業に取り組んでいる(Ｕターンは８世帯14名が移住・定着し、３世帯３名が有機農業に取り組む)。農業就業人口や経営耕地面積の減少率は、島根県より10％程度低い。有機農業は地域農業の振興に寄与している。[16]

六　有機農業的感性

本稿の冒頭で、20年前に書かれた「「有機農業的感性(センス)」が必要とされる」という文章を引用した。前記の３自治体の有力な担い手はいずれも、農業者に加えて自治体職員である。ぼくは彼らと親密に付き合ってきたが、有機農業の普及・啓発に熱心なだけではなく、有機農業的感性(センス)の持ち主だ。そのセンスや感性とは何だろうか。

有機的とは本来、多くの部分が集まって全体を構成し、各部分が密接に結びついて影響を及ぼし合う状態を指す。言い換えれば、良い関係性をつくるということだ。コーディネーターとも表現できるだろう。優れたコーディネーターはさまざまな意見を調整して、目的を達成しなければならない。そのとき大切なのは、達成への道筋や手段が異なっていても、その違いを認め、少しの違いを批判(非難)しないことである。私はそれを有機的感性と呼びたい。オーガニックな感性と言ってもよい。それは、有機農業を目指すにあたって、自治体職員であれ農業者であれ研究者であれ欠かせない。

しかし、日本の有機農業関係者はそれがえてして苦手だった。1970年代や80年代はきわめて少数派で、周囲に理解されなかったので、強い信念なしには続けられなかっただろう。そうした先達をぼくは尊敬している。だが、理解されないがゆえに批判的・攻撃的言動を取らざるをえなかったケースも多い。批判が有機農業の普及を阻む既存体制に向かうのであればよいが、ともすれば広い意味での仲間にも向かう。そして、小さな違いを過剰に非難した。

たとえば、生活協同組合のニーズに応えて収穫時期を早くするために、秋播きの葉物を本来の適期よりやや早く播けば、防虫対策として網目の細かいネットが必要になる。「提携」であれば、その必要はない。あるいは、ビニールマルチや保温資材を使う場合もあれば、生分解マルチは使う場合もあれば、それらを一切使わない場合もある。後者が前者を強く批判するケースがよくある。それは、オーガニックな感性とは言えない。

協調と妥協は異なる。自己主張と他者への過剰攻撃はもっと異なる。敵をつくって内輪だけで固まるのではなく、仲間を広げていきたい。

また、有機農業を慣行農業と差別化し、地域に広げるポイントは、よく言われる安全性や付加価値ではない。安全性を強調すれば、慣行農家を巻き込めない。付加価値を強調すれば、儲けの話にとどまる。重視すべきは、ますます強まる田園回帰の流れと有機農業にきわめて親和性があることだ。大半の移住者たちは食べものの部分的自給に関心があり、実践している。ほぼ例外なく、農薬は使っていない。人を呼び込み、活気ある地域を創ろうと思えば、有機農業！

すでに有機農業が地域に広がっているケースのリーダーたちは、自らの理念は曲げないが、他者に対して寛容だ。そして、若い世代の有機農業者たちはオーガニックな感性を持っている。有機農業の今後の展開に期待したい。[17]

（1）日本有機農業学会編『有機農業研究年報 第1巻 有機農業――21世紀の課題と可能性』コモンズ、2001年、iiiページ。
（2）有機農業推進法では「化学的に合成された肥料及び農薬を使用しないこと並びに遺伝子組換え技術を利用しないことを基本として、農業生産に由来する環境への負荷をできる限り低減した農業生産の方法を用いて行われる農業をいう」(第2条)、国際的な政府間機関であるコーデックス委員会では、「生物の多様性、生物的循環及び土壌の生物活性等、農業生態系の健全性を促進し強化する全体的な生産管理システム」と定義されている。
（3）中島紀一「はじめに」中島紀一・金子美登・西村和雄編著『有機農業の技術と考え方』コモンズ、2010年、ii・iiiページ。
（4）金子美登「小利大安の世界を地域に広げる」前掲（3）、5ページ。

(5) 明峯哲夫『有機農業・自然農法の技術——農業生物学者から提言』コモンズ、2015年、6・7ページ。
(6) 谷口吉光「有機農業の『第4の波』がやってきた!」『有機農業をはじめよう!——農業経営力を養うために』有機農業参入促進協議会、2018年。
(7) 中島紀一「有機農業の基本理念と技術論の骨格」前掲(3)、62ページ。
(8) この間の経緯は、中島紀一『有機農業政策と農の再生——新たな農本の地平へ』(コモンズ、2011年)に詳しい。
(9) 本節のデータは、おもに農林水産省生産局農業対策課「新たな有機農業等の推進に関する基本的な方針等について」2020年9月、参照。
(10) 鄭萬哲氏(韓国農村と自治研究所)のデータによる。
(11)『日本農業新聞』2020年2月23日、参照。
(12) 大江正章『農業という仕事』岩波ジュニア新書、2000年、5ページ。
(13) 今治市の取り組みについては、安井孝『地産地消と学校給食——有機農業と食育のまちづくり』コモンズ、2010年、参照。
(14) いすみ市の取り組みについては、本書Ⅱの1および、澤登早苗・小松﨑将一編著『有機農業大全——持続可能な農の技術と思想』(コモンズ、2019年)、185~193ページ、参照。
(15) にぎやかな過疎については、小田切徳美「「にぎやかな過疎」をつくる—農山漁村の地方創生—」『町村週報』2019年1月7日号、参照。
(16) 尾島一史「全国有数の有機農業の村」前掲『有機農業大全』、181~184ページ、参照。
(17) 日本農業新聞の調査によれば、2018年度は28府県で移住者数が過去最多となった。なお、今治市も島嶼部に移住者が多い。

I 食・農・地域を守る思想

本書を貫くテーマである食・農・地域についての考え方（思想）をまとめた論稿である。本稿が収録された書籍のタイトルは『守る――境界線とセキュリティの政治学』。それにひきつけて、消費者も農業者も、本当に暮らしや仕事を守るためには、都市と農業とか第一次産業と第二次・三次産業とか国内と国外といった既存の境界線を超えて、隣接する他領域へのいわば「越境」が必要であることを論じた。当時としては新たな視点だったと言えるだろう。

書いたのは2010年とやや古いが、中身は現在に通じるものである。数字やデータについては必要に応じて新しく改めた。

なお、「守る」ためには、あわせて「創り育て」なければならない。コロナ禍のいま、自給を取り戻し、環境を守る有機農業への支援が必要なゆえんでもある。

一　中国バッシングでは何も解決しない

食べものの安全性（セキュリティ）ということが普通の人びとに注目されるようになったのは、おそらく1980年代のなかばだろう。当時、中堅出版社に勤め、食・農・地域に関心があったぼくは、食品添加物や輸入食品の健康への影響についての本を何冊も創った。その出版社にはなかった新しいジャンルだったが、思いのほか多くの読者を集めたものである。[1] 90年代以降も、環境ホルモン・ダイオキシン・遺伝子組み換え食品などが大きな話題を呼んだ。

こうした注目は、食べものに関わる事件が起きるたびに加速される。その典型が、2001〜02年に起きた中国産野菜の残留農薬事件であり、08年1月に起きた中国製冷凍餃子による中毒事件である。そのつどマスメディアは一時的にセンセーショナルな報道をし、中国をバッシングした（他国の農産物で新たな問題が起きれば、その国が叩かれることになる）。野菜であれ、加工品であれ、日本の都合で賃金が安い中国で生産しているにもかかわらず。そして、消費者は対象となる製品を買い控え、流通業者は輸入を減らす。たとえば、08年2月の中国産野菜の輸入量は対前年同月比で33％、前月と比べて29％減った。

だが、「喉元過ぎれば熱さを忘れる」とはよく言ったもので、日本人の消費行動はあっという間に変わる。中国産野菜の輸入量の推移を見ると、二つの事件が起きた後の2002年や08年には輸入量が大きく減り、一〜二年で増加傾向を示していることがよくわかる（**図1**）。また、

図1　中国からの野菜(生鮮・冷凍)の輸入量と輸入割合

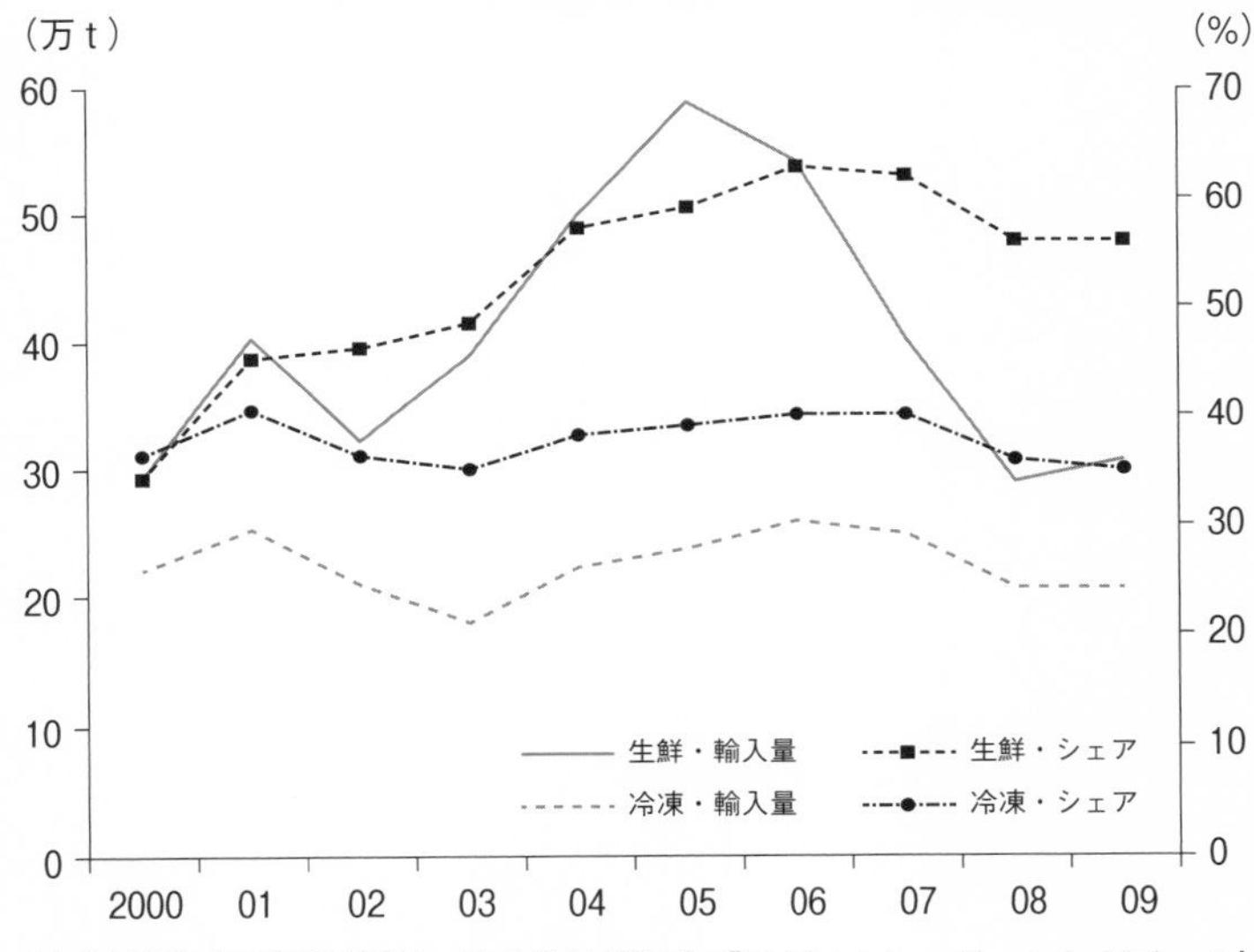

(出典)財務省『貿易統計』、日本貿易振興会『アグロトレード・ハンドブック』、農林水産省『農林水産物輸入実績』各年版。

冷凍餃子事件のわずか一年半後の09年8月から連続して生鮮野菜の輸入量は前年を上回り、10年8月は17%、11月は29%も上回った。8月について見ると35種類のうち18種類が中国がトップで、その大半は95%以上を占めている。そして、冷凍餃子事件をきっかけとして中国産から国産に原料を切り替えた流通業者に、たった一年で輸入再開の動きが見られたという[2]。

実際、当時も現在も日本の多くの人びとの食生活(衣料品やおもちゃも同様だ)は、中国に支えられている。２０１９年の野菜の輸入量のうち中国産が占める割合は、生鮮野菜が66・5%、冷凍野菜が44・3%だ。この約10年間で、10ポイント程度増えている。品目別では、生鮮・冷凍ともに中国がトップの野菜が圧倒的に多い。生鮮野菜では、椎茸が100%、ネギが99・99%、ニンニクは92・5%だ。里芋、玉ねぎ、キャベツ、人参など身近な野菜のおもな輸入国も中国である。魚介類の輸入も中国がトップで11%、食料全体では米国に次いで2位で12・9%(18年)。野菜以外では、そば、イカ、ワカメが1位だ。本当は、日本人は中国の農民に感謝しなければならない。

なお、コンビニでレジに立つ人の多くは外国人留学生で、かつてはその大半を中国人が占めていた。コンビニ弁当を製造する人も、その弁当に使われている野菜を作る人も同様だ。同じようなことは、国内でもある。忘れている人も多いだろうが、1993年に大冷害が起きた。あのとき、産直や生協などの共同購入で翌年の米を予約した消費者のかなりが、豊作であるとわかった翌年夏には、その予約を解約したのである。彼女たちの視線の先に、日本の農業者の姿はリアルに見えていない。両者の間には境界線が明確に引かれている。

食料自給率38%という諸外国と比べて異常な低さゆえに(気候的に日本より農業に適さない島国イギリスが68%、山国スイスが52%、ともに2017年)、前述のような事件や、たった一年の異常気象や原料の高騰で、日本人の食生活はいとも容易に脅かされる。今回のコロナ禍では幸い顕在化しなかったが、私たちの足元は脆弱極まりない。

食料自給率を上げないかぎり、中国バッシングも安全な食べものの買い漁りもなんら問題の解決にならないことは、はっきりしている。そもそも安全な食べものは輸入できても、それらを作る土も水も田畑も、安全な農があることによって生み出されるホタルも彼岸花も涼しい風もほっとする景観も、決して輸入できない[3]。だが、多くの人びとはそれに気づいていない。

二　半径三メートルの安全性を超えて

中国製冷凍餃子による中毒事件から半年後の2008年9月に内閣府が行った「食料・農業・農村の役割に関する世論調査」によれば、国産食料品と輸入食料品が並んでいる場合に国産を選択すると答えた者(2798人)に、その基準を聞いたところ、「安全性」をあげた割合が89・1%と圧倒的に高かった(2位の「品質」は56・7%、複数回答)。00年7月の調査と比較すると、7ポイント上がっている。この傾向はその後も変わらない。たとえば、16年にNHKが行った「食生活に関する世論調査」では「安全性」が91%にのぼる。

このように安全性への関心は一貫して強い一方で、安全な食べものを作る農業・農村を守ろうという意識は高いとはいえない。2008年の世論調査で、「積極的に農村に行って、農作業や環境保全活動などに協力したい」と答えた者の割合は、19・0%だった。しかも、こうした調査には優等生的に答えがちだから、この数字も割り引いて考えるべきだろう。

多くの日本人は、自分と自分の家族の安全な食生活と暮らしは守りたい。そのためには、一定の努力をし、それぞれの生活レベルと価値観のもとで、ある程度の負担をする。しかし、大

図2　消費者の四類型

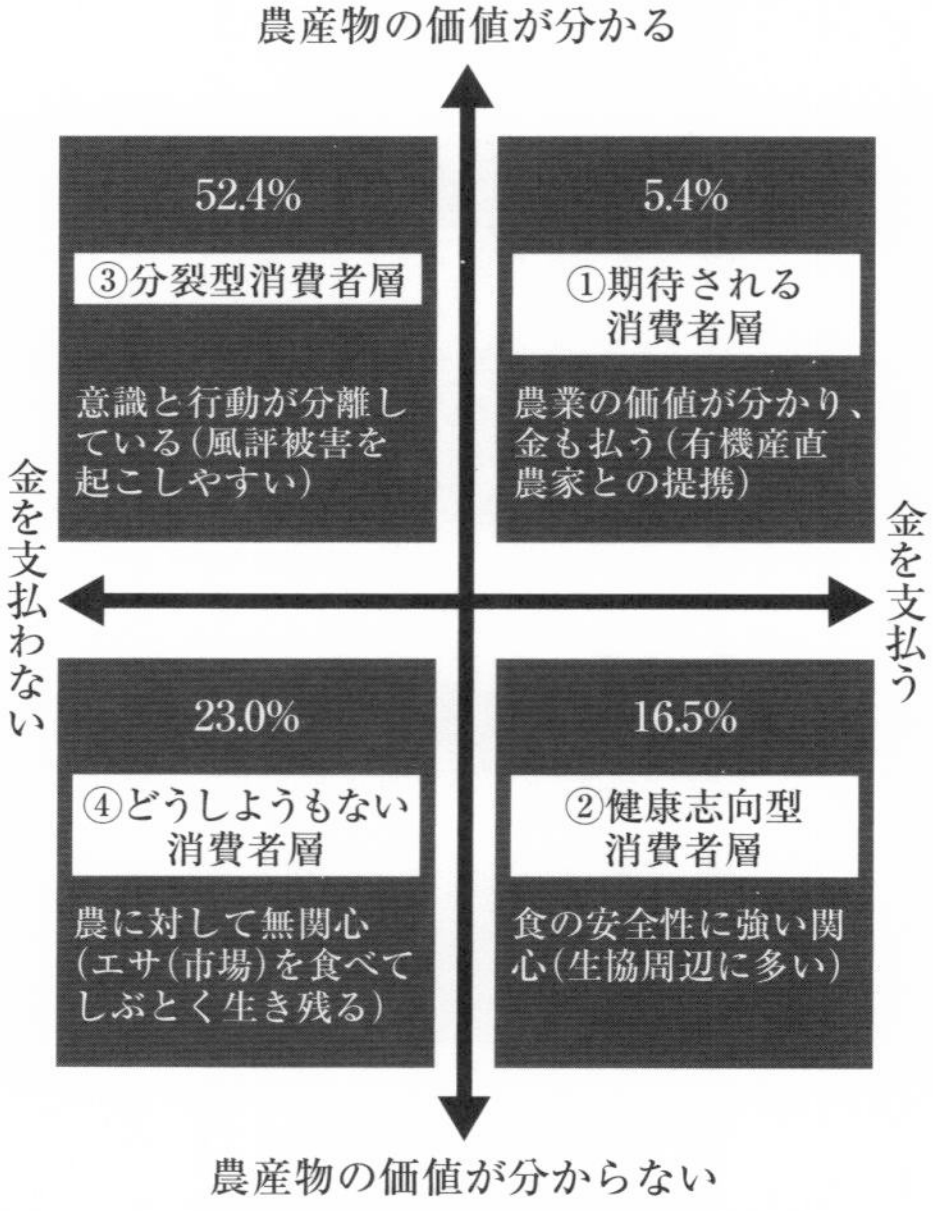

農産物の価値が分かる

金を支払わない	金を支払う
52.4% ③分裂型消費者層 意識と行動が分離している（風評被害を起こしやすい）	5.4% ①期待される消費者層 農業の価値が分かり、金も払う（有機産直農家との提携）
23.0% ④どうしようもない消費者層 農に対して無関心（エサ（市場）を食べてしぶとく生き残る）	16.5% ②健康志向型消費者層 食の安全性に強い関心（生協周辺に多い）

農産物の価値が分からない

（出典）徳野貞雄『農村の幸せ、都会の幸せ――家族・食・暮らし』日本放送出版協会、2007年。

半の都市生活者は、安全で安心できる食べものが作られている農村や作る農民のことを真剣には考えてこなかった。所詮は他人事なのである。最近では農に関心がある若者が増えてきたとはいえ、まだまだ農業・農村とのつながりは薄い。ぼくは、こうした人びとの考え方を、椎名誠の「半径三メートルの実感」をもじって「半径三メートルの安全性」と呼んでいる。

また、農業・農村に詳しい社会学者の徳野貞雄（熊本大学）は、福岡市民へのアンケート調査（２００３年）をもとに、消費者を**図2**のような四つの類型に分類した。②はいわば安全性至上主義者であり、自然食品店などで高価なオーガニック食品を購入する。彼らは、安全なものならば輸入食品でもかまわない。半径三メートルにしか視野が広がらず、食べものを作る農地や農の風景は輸入できないことに気がついていないからだ。もっとも多い③は、アンケート調査では「国産食料品が大切」と答えるが、実際にはスーパーの特売品を買う層である。そして、ぼくの実感からしても、①の5・4％という数字はうなずける。

図2の③と④の消費行動は、端的にこう表現できる。「安ければそれでいいのだ」[4]。それは、第二次世界大戦後、とりわけバブル崩壊後の日本を象徴する行動と言っても過言ではない。

たとえば日本人の主食である米の場合、政府買入価格（生産者米価）は１９８４〜86年の一俵（60kg）1万８５０５円をピークに下がり続け、食糧管理法が廃止された95年（94年産）には1万６３９２円になった。95年以降は、米価は市場取引により形成される。コメ価格センターの落札平均価格は、95年産が2万２０４円、２００８年産が1万５１５９円で、13年間で四分の三に下がっている。稲作農家の労働報酬を時給換算すると、わずか１７９円である（07年）[5]。全国平均の最低賃金（当時）の四分の一にすぎない。豆腐の場合、大手スーパーでは一丁35円も登場している。１００gあたりでは約13円だ。

格差が広がるなかで、多くの人びとが安い製品を求めようとする気持ちはよくわかる。しかし、それは間違いなくどこかにしわ寄せをもたらす。零細な下請け業者であったり、農民であったり、発展途上国の労働者であったりだ。ところが、前述のような価格で農民や食品加工業者が食べていけるのかというところには想像力が及ばない。他者を思いやるまなざしが摩滅しているのである。

しかも、中国製冷凍餃子事件で見逃せなかったのは、日本生活協同組合連合会が力を入れてきた低価格のプライベートブランドから中毒が発生したことだ。店舗型の大規模生協の多くはスーパーとの価格競争のなかで、原料の供給地や製造工場を中国に求めてきた。地域生協の組合員数が約2227万人と全世帯の38・1％を占めるいま、店舗型大規模生協組合員のニーズが一般の日本人と同じく安さにあることは事実だろう。

だが、「自立した市民の協同の力で、人間らしいくらしの創造と持続可能な社会」を実現するという生協の理念からすれば、スーパーと同じような安さを求めた競争に走ることは明らかに間違っている。本来は組合員に対して、安全で安心できる食べものを手に入れるにはそれなりの金銭的負担が伴うことを説明していかなければならない。

そして、もっと重要なのは、生協組合員に限らず、さまざまな人びとが安全で安心できる食べものの生産者との関係性を深めることによって、食べものにまっとうな対価を支払う行為を金銭的負担と感じなくなることである。生産者の再生産が成り立つように支えていこうという感覚が生まれ、農業の大切さと素晴らしさが実感できる場を用意していくことである。そのとき初めて「半径三メートルの安全性」、言い換えれば生産者と消費者という境界線による分断を超えて、両者が生活者として共に支え合う関係が成り立つ。その延長には、日本の農民とアジアの農民の交流も展望される。以下ではそうした三つのケースを紹介していきたい。

三　都市と農業に接点を創る

１９８０年代後半からのバブル経済のころ、都市農地不要論の嵐が巻き起こった。テレビや雑誌で怪しげな評論家（竹村健一や大前研一など）たちが、「東京の地価が高いのは農地があるからだ」と息巻き、大都市とりわけ東京から農地をなくすことが社会的正義であるかのような刷り込みが、おもにサラリーマンに対してなされたのだ（現在のマスメディアによる刷り込みは、すべての農業補助金害悪論と自由貿易万能論である）。

ぼくはそれに激しく腹を立て、ジャーナリストや研究者を著者に『東京に農地があってなぜ悪い』という本を１９９１年に創ったが、まったく売れなかった。当時は刷り込みが功を奏していて、大半の日本人は、大都市に農地はいらないと思っていたのである。ちなみに、当然ながら、農地が宅地になっても地価は下がらなかった。異常な地価高騰の主因が不動産業者による地上げだったことは、もはや周知の事実である。

こうした状況を反映して、都市住民と都市農家は反目し合っていた。多くは地方出身で、新たに都市に住んだ住民たちは、都市農家を「大きな庭のある広い家に住み、車を何台も持っていて、しかも税金はロクに払っていないらしい」と妬んだ。彼らは、農家の庭先が野菜の選別・調整などの作業場であることは知らない。そして、農薬を撒くなとか家畜が臭いとか言い放った。都市農家は自らが先住民であるにもかかわらず、自己主張はあまりしなかった。というより、できる雰囲気ではなかったというほうが正確だろう。同時に、農業に熱心でなく、不動産収入に頼る都市農家が多かったことも事実だ（それが必ずしも悪いわけではない）。このころ、都市住民と都市農家の間に親密な関係はほとんどなかった。

それからわずか十数年で世論は大きく変わる。いまでは都市農業は、直売、学校給食、体験学習、防災、癒しなどさまざまな面から高く評価されている。２００９年に東京都が都政モニターに対して行ったアンケート調査によると、「東京に農業・農地を残したいと思う」人は85％にも及んだ。

東京23区で農地面積とその比率がもっとも高いのは練馬区だ（第6章参照）。農地面積は２０３ha（２０１８年）で、区の面積の４％強を占めている。御多分にもれずバブル期に大きく減少したものの、約４４０戸の農家が健在である。野菜の無人販売所も多く、区民に定着している。多く栽培されているのは、キャベツ、ブロッコリー、大根、ジャガイモ、枝豆、トウモロコシなどだ。

そうした農家のみならず、日本の都市農業のリーダー的存在が、白石好孝（よしたか）氏（１９５４年生まれ）[6]。江戸時代から３００年以上続く農家の長男として生まれ、東京農業大学卒業後、79年に24歳で就農した。他の職業に就いた経験はない。専業農家で、意欲的に農業と農の価値を伝える仕事に取り組んでいる。

もっとも、当初からそうだったわけではない。小学生のころから農業を継ごうと思っていたが、大学時代に迷いが生じる。それでも、逃れられないという気持ちもあって就農したけれど、気持ちは入らない。１６０ａと東京23区としては相当に広い畑に、当時はほぼキャベツの単作。国や東京都との契約栽培で収入は安定していた。だが、お父さんの手伝いという立場でもあり、面白くはない。消費者との接点はまったくなかった（お母さんは自給の延長で多品種を作り、周囲に引き売りしていたが、それは古い農業だと考えていた）。

「でも、キャベツばかりを作るのはみごとにつまらなかった。冬は暇だから、三年間は学生時代に慣れ親しんでいた北海道のユースホステルでアルバイトしてましたよ」

転機が訪れたのは１９８５年だ。キャベツを出荷していた市場の競り人に地場産野菜をほしがっている東京都内の中堅スーパーを紹介され、近くの仲間六人と新鮮直売組合を結成する。そして、農協と行政の補助金を受けてビニールハウスを建て、ほうれん草、小松菜、枝豆、露地でトウモロコシなどを新たに栽培し始める。お母さんが作っていたトマトやキュウリも増やした。朝採りで、納品先の集荷センターまでは軽トラックで約20分。鮮度で勝負でき、平均単価は他の生産者より一ケース１００円はよかった。スーパーに自分が作った野菜が並んでいるのを見るのが楽しく、農業が面白くなっていく。同じころ、農業にも売り方の工夫にも熱心な妻の提案で庭先販売も始めた。

その後、１９８９年に大泉農協（現在のＪＡ東京あおば）の青年部長になり、92年には青年部の全国組織の委員長を東京都の農家で初めて務める。これをきっかけに、消費者団体、有機農業や産直など新しいタイプの農に関わる人たちとの付き合いが徐々に生まれ、自らの農業スタイルをさらに変えていく。

「農業団体は自分たちの利益を追求するという面が大きいと思います。でも、農協青年部は社会の利益を求める組織でありたいと考えて活動しました。それをとおして、自分の農業のあり方も見直しましたね」

1995年には大泉農協理事会の決定を引っくり返して、青年部で直売所「こぐれ村」をオープンした。いまでこそ新しくもなんともない。けれども、当時の農協は直売所に否定的だったから話題を集め、視察や取材が殺到したという。

白石は就農当初、農薬や化学肥料を多く使っていた。それが篤農家(熱心な農家)だと思っていたからだ。決して彼が間違っていたわけではない。当時の(そして現在も大半の)大学の農業教育ではそれが当たり前だった。しかし、消費者の共感を得ることが都市農業の生き残りの道であると悟った白石にとって、可能な範囲で安全・安心を重視することは必然の選択であった。

その前年には、こぐれ村に野菜を出すことになる仲間たちと減農薬栽培に取り組み、東京都有機農業推進事業の最初の対象に認定される。現在は、冬の葉物(ほうれん草や小松菜など)は無農薬、根菜類(大根や里芋、人参など)や豆類も低農薬で栽培している。味には定評があり、とりわけ夏のトウモロコシや枝豆、トマトなどは直売で大好評だ。いまでは、出荷品目数は50を超える。

さらに、１９９６年には盟友の加藤義松（よしまつ）氏とともに、市民が農作業を体験・学習し、農家経営として成り立つ、農業体験農園という斬新なシステムを実現させる(7)。これは、農家の私有地に見ず知らずの人間が入り込むという意味でも画期的な出来事だった。広さは一区画30㎡、利用期間は一年だが、五年まで更新でき、その後も改めて申し込むことができる。平均応募倍率は三倍程度と人気が高い。

利用料金は3万８０００円（練馬区民以外は5万円）。種子・苗・肥料代や収穫物の購入代金など、すべてがこれに含まれる。普通の市民農園とは異なり、園主による減農薬栽培を基本とした丁寧な指導があるから、初心者でも満足いく成果が上がり、利用者に割高感はない。講習は1～2週間に一回、園主が説明して手本を見せ、生徒たちが種播き・苗植え、草取りなどを行う。白石が主宰する「大泉風のがっこう」は１２５区画で、２００人程度が野菜作りを学ぶようになる。最大時は１３５区画で、それ以外に二つのＮＧＯの約60人が学んでいた。

開園当時は団塊世代が目立っていたが、最近では若い年齢層に幅が広がるとともに、夫婦・親子・お母さん同士が友達の家族などが多くなってきたという。コロナ禍以降はテレワークが進んだためか、働き盛りの男性を平日によく見かけるようになったと白石は語る。

生徒たちは、一般的な販売価格に換算すると平均年間8万円程度の野菜を自ら栽培できる。それまでスーパーや生協の本部に吸い上げられていたおカネが、地域で循環する。だから、これは小規模とはいえ優れたコミュニティ・ビジネスでもある。

２０１９年度現在、練馬区には17の農業体験農園が存在し、約１６００区画で３０００～４０００人の市民が野菜作りを学んでいる（東京都全体では、18年3月現在、6区・22市に１１１農園、６２４７区画）。彼ら・彼女らは都市農業の有力なサポーターだ。

しかも、そこでは野菜作りにとどまらず、趣味を同じくする人たちの新たな親密なコミュニティが生まれている。区画は個人別でも一緒に作業するから、当たり前のように仲良くなる。60代以上の定年退職者を中心に、講習日以外にも訪れる利用者が多い。彼らは少し作業し、たくさんだべり、ときには収穫した野菜を食べながら一杯やる。期せずして畑のカルチャーセンターになっているわけだ。農業＝アグリカルチャーの面目躍如である。収穫祭やコンサート、そば打ち、パン作りなどが行われるところもある。

こうして白石は、農協青年部といういわば「ずぶずぶの保守の世界」の出身でありながら、自らのアイディアによって先住民の農家と新住民の境界線を開いてきた。週末の畑にはたくさんの他人が出入りし、楽しんでいる。

経営面で特徴的なのは、粗収入約１５００万円（長男の就農前）と多いにもかかわらず、市場出荷がゼロなことである。この経営規模で１００％地産地消というのは、きわめて珍しい。経営の柱は大きく分けて五つだ。①農業体験農園、②庭先販売、③地元スーパーやＪＡ直売所での直売、④ブルーベリー摘み取り園、⑤併設する農園レストランを中心とするレストランへの直売、⑥学校給食への提供。すべてが地域に根差している（それぞれの内訳は２０２ページ参照。

ちなみに、２００９年時点では、①が35％、②が30％、③が23％、⑤が7％、⑥が5％だった）。

市場出荷の割合は就農当時が95％、１９９０年ごろが70％だったから、急速な変化である。それは、白石が市民とのつながりを深めてきた軌跡と比例する。もともと「黙々と耕すより、人と接しながら農業をやりたかった」という彼にとっては、もっともふさわしい営農スタイルと言えるし、それが近隣住民のニーズにも合致した。

地元スーパーは全量買い取りで、「何でもいいから好きなだけ出してくれ」と言われているという。値決めも自由だ。珍しい野菜は、食べ方を紹介した手作りのポップ付き。これらは妻の俊子が中心になって行う。価格はやや高めでも、よく売れる。美味しさと新鮮さのゆえんだろう。

２００７年8月には、農業体験農園の隣接地に23区初の本格的農園レストラン「Ｌａ毛利」をオープンした。以前は大型トラック用の駐車場にしていたが、自ら作る野菜をその場で食べてもらう究極の地産地消という夢を実現させたのである。収入だけを考えれば、駐車場のほうがメリットは高い。だが、白石は言う。

「儲からない農業はダメです。でも、儲かることしかやらない農業はもっとダメです」

シェフは大泉風のがっこうの生徒で、専門は南欧料理。自ら作ったものも含めて朝採り野菜を巧みにアレンジし、お洒落な料理に変身させる。以前は私鉄駅のすぐ近くに店を出し、固定客もついていたが、白石に誘われて意気投合し、移転を決断した。最寄り駅から歩いて30分という不便な場所にもかかわらず、昼は予約で埋まる日が多い。売り上げはコロナ禍までは順調。楽しいこと、人に喜ばれることをやった結果として、収入もついてきているのである。

このほか、統合失調症や躁鬱病など精神に障がいをもつ人たちの社会復帰をお手伝いしようと、東京都の協力事業所の指定を１９９８年から受け、訓練生やアルバイトとして受け入れている。おもな仕事は、野菜を束ねたり洗ったり、約１００羽飼っている鶏の卵を集めたり。訓練生に定められた日当は１１００円と非常に安いので、野菜を一袋詰めたら20円というように、独自に報酬を出す。自然のもとで単純作業をマイペースでこなし、汗を流すなかで、人とのかかわりが回復できる訓練生が多いという。

加えて、自らが理事長を務めるＮＰＯ「畑の教室」で、小・中学生の農業体験教室、社会科見学、中学生の職場体験などを受け入れている。山梨県で棚田を借り、米作り体験プロジェクトも実施。豚を飼い、子どもたちが生きもののいのちに触れられる場も提供してきた。毎年秋にはビニールハウスでコンサートが開かれる。

こうして白石は、都市や都市近郊の農業で可能なすべてに取り組んできた。いわば都市農業のフルコースである。そして、就農して30年間で農業への考えが大きく変わった。

「農協青年部時代は正直に言って、農地を維持する、資産を守るというスタンスが強かった。いまは農業を守るとはっきり言えます。それも、地域の人たちと共にです。本気で農業が面白くなった。かみさんも同じですよ」

もちろん法律的には、都市農業のフルコースが演じられる場所は白石家の私有地だ。しかし、それは決して閉鎖的な場所ではない。多様なスタイルで多くの市民に開かれた、実質的な共有地(コモンズ)と言ってよい。そこでは、古くからの地縁・血縁でもなく、戦後の日本とりわけ勤労者に跋扈した社縁でもない、新たな農縁が生まれている。知縁・結縁と言ってもよい。こうして実現したすべてのことは、まさに地に足が着いた新しい公共ではないだろうか。

四　有機農業が創り出した地域循環型経済

冒頭にふれた1980年代なかばの食べものの安全性への関心は、一部で有機農産物のブームも引き起こす。74年から75年にかけての有吉佐和子氏の連載小説『複合汚染』をきっかけに有機農業が話題になったのに次ぐ、2回目のできごとだ(13ページ第二の波)。その後、有機農業は徐々に広がり、2006年には有機農業推進法も成立する。いうまでもなく、有機農業の意義は非常に大きい。

ただし、当初の有機農業は生産者(ないし生産者集団)と消費者グループという二者間の農産物のやり取りが中心であり、地域へ面的に広がっていったケースは多くない。信念をもった生産者と消費者の親密な関係性は築かれてきたが、他者に開かれていない側面もあった。そうしたなかで、東京・池袋から急行電車で約70分の埼玉県小川町(人口約2万9000人)では、周辺地域の地場産業との深いつながりが生まれている。

小川町の有機農業は、日本を代表する有機農業者である金子美登(よしのり)氏(霜里農場)なしには語れない[8]。町内の農家に1948年に生まれた金子は、農業者大学校(日本農業経営大学校の前身)を卒業した71年以来、有機農業に取り組んできた。85年ごろには、米・小麦・大豆・野菜60品目と、鶏・乳牛の有畜複合農業が完成し、提携する消費者約30軒との安定した関係がつくられていく。次に金子が目指したのが、地場産業との連携だ。

小川町は和紙・建具・絹の三大地場産業で栄え、秩父と江戸を結ぶ中継地でもあった。水にも恵まれていたことから、明治時代には25〜30軒の造り酒屋があったという。いまでは3軒が残るが、その1軒・晴雲(せいうん)酒造の社長・中山雅義氏が金子の有機農業に着目したのだ。1988年のことである。

「日本酒の需要は私が店を継いだ昭和48年ごろがピークでした。落ち込みを抑えるためにも何らかの差別化をしたかったし、そもそも地酒は地元の米を使うべきです。それで、小川の無農薬の米で純米酒を造ろうと、金子さんを紹介してもらいました」

金子は有機農業の仲間に呼びかけて酒米にも適した月の光という品種を作付け、約20俵納めた。価格は有機農業に転換して3年以上が経過した米の場合、1キロ600円。これは、晴雲酒造が通常使っていた酒米の、なんと三倍である。有機農業を支援して本物の地酒を造ろうという中山の想いが伝わってくるではないか(ただし、量が足りず、有機農業が盛んな山形県高畠町の無農薬コシヒカリとのブレンドにした）。
その名は「おがわの自然酒」。ラベルは、小川町に住んでいたプロの手漉き和紙と版画だ。無農薬米が評価され、高く買ってもらえることをきっかけに有機農業へ転換する勇気と自信を得た仲間が多いと、金子は言う。その後７戸の農家が無農薬で月の光を作り、約40俵を納めている。

同じ１９８８年の秋、町内の小川製麦が金子の無農薬小麦を使って、うどんを作り始めた。小川製麦では70年代なかばから石臼で小麦を挽き、味が評価されていたという。石臼はゆっくり少しずつ挽くので熱をもたず、味に深みが出て、香りがとばないそうだ。その後４戸が10俵を納め、「石臼挽き地粉めん」として製品化されている（やはり有機農業が盛んな八郷（やさと）（茨城県石岡市）産小麦とのブレンド）。小麦の買取価格は当時、国の支援がなければ通常１キロ20円程度にすぎない（大規模に作って国の支援を受けられる場合でも１２０円）。一方、金子たちは２５０円だ。

１９９９年からは、隣接する都幾川（ときがわ）村（当時、現在はときがわ町）のとうふ工房わたなべ（代表取締役・渡邉一美、現在のときがわ町長）との付き合いが始まる。渡邉氏は父が１９４６年に始めた渡邉商店（当初はこんにゃく、51年から豆腐）に79年に就職し、スーパーへの卸売りに力を注ぐ。しかし、求められるのはひたすら安さで、もっぱら輸入大豆を使っていた。やがて疑問を持ち出した渡邉は消費者と食べものの安全性についての勉強会を開き、97年に金子と出会う。折から、減反で作った大豆の売り先に困っていた近くの鳩山町の農家に泣きつかれ、週１回だけ鳩山産大豆を利用し始めた。

この話を聞いた金子が地元に古くから伝わる大豆「おがわ青山在来」を使った豆腐作りを持ちかけ、一丁280円(絹)、350円(もめん)という、輸入大豆を使った価格の四倍前後の地元産有機無農薬大豆の豆腐が誕生する。渡邊の言葉を借りれば「素性のわかる豆腐作り」だ。

「うちの一つの釜で豆腐は70丁できます。それを家庭に週一回お届けしました。消費者運動の方に教えていただいた宅配方式です。それまでスーパーで買い叩かれていたから、原料の意味と品質を理解して高い豆腐を買ってくださる人に届けるのがうれしかった」

これが口コミで少しずつ広がり、買いに来る客も増える。やがて、店頭販売の比率がスーパーへの卸売りを上回り、右肩上がりで伸びていく。いまでは、お客が平均、平日で400人、土曜・日曜は700~800人、計70台の駐車場がいっぱいになる。平均単価は1300~1500円。商品価格は他より高いが、豆腐だけでなく、油揚げ・納豆・おからドーナツ・豆乳入りソフトクリームなどラインアップも豊富だ。従業員は50人近い。素材と味の確かさが評価されてこその人気であり、有機農業と地産地消がもたらした雇用効果である。全国豆腐品評会でも、2018年・19年と金賞や銀賞を受賞した。

使用する大豆は年間約100トン。その三分の二が地元産で、小川町産は10トン(以下を含めて数字は2010年)。有機無農薬大豆は小川町だけだ(低農薬大豆は鳩山町などでも栽培している)。

ここで特筆すべきは、渡邊の生産者に対する姿勢である。買い取り価格が高いうえに、全量買い取り、現金払いなのだ。一キロあたり、地元産の普通大豆が330円、有機大豆は500円（転換1年目は350円で、徐々に上げていく）。これは輸入大豆の70～80円と比べて著しく高い。

「大豆の場合、補助金なしで一キロ250～300円が採算ラインだそうです。私は農業が元気になる値段でやっていきたい。買い入れを保証するのが農業振興の第一条件でしょう」

食品産業は本来、地域の農業が元気であってこそ成立する。そのためには、農業者の再生産が成り立つ価格で買い入れなければならない。その結果、消費者はやや高い値段で買うことになる。安全性を重視すれば、手間暇がかかる分だけ、より高くなる。だが、地域で原材料が循環すれば、小規模な市場が新たに形成されていく。そのためには、一般消費者へ農の価値を伝えるための市民教育も必要とされている。

こうした地場産業との連携の一方で、小川町の住民、商店街、伝統産業の和紙工房などとのつながりは深くなかった。町内で有機農産物を買える場は、日曜日の午後に郊外で開かれる直売所など限られている（これは出荷量がまだ多くないからでもある）。そうしたなかで、2010年ごろから複数の常設に近い直売所が生まれるなど、新たな動きがいくつも起きている（第3章2参照）。有機農産物が食べものの価値を理解しようとする地域住民すべての手に入るような公共財となったとき、そこへの財政支援は人びととの共感を得られるだろう。

2009年秋には、小川町駅から歩いて2分のところに「べりカフェ　つばさ・游」がオープンした。これは、主婦や農家が協働で日替わりシェフをし、おもに野菜がメインのランチを提供するレストランだ。地元NPOの生活工房つばさ・游が企画運営し、当初は金子の妻・友子と、金子の初期の研修生で町内で独立した風の丘ファームのスタッフも週1回ずつ、料理を提供していた(現在はスタッフの高齢化もあり、営業は週3回)。「べり」はおしゃべりの「べり」で、地元産有機野菜を食べながらおしゃべりする、たまり場であり、情報交換の場だ。

つばさ・游を主宰する高橋優子は「自分たちの住む町を有機的な人と人、自然と人のつながりで自分らしく染めていきたい」と言う。彼女は「農工商連携マネージメントコーディネーター」の肩書きをもつ。

五　農民の知恵のグローバリゼーション

こうして畑が市民に開かれ、有機農業が地域に広がることをとおして、農業と市民の境界線が少しずつ越えられてきた。しかし、私たちはグローバリゼーションの時代に生きている。大半の人びとは輸入農産物も食べざるをえない。はたして、日本の農業を守り育てるだけでいいのだろうか。

1980年代なかば以降、ガットのウルグアイラウンド、世界貿易機関、二国間の自由貿易協定(FTA)、そしてTPP(環太平洋経済連携協定)によって、農産物の自由化、農業の市場開放が世界的に進められてきた。日本について言えば、全米精米業者協会が米国通商代表部に日本の米の輸入制限撤廃を求めて提訴したのが86年、牛肉とオレンジの米国からの輸入自由化が91年である。ほぼ同じころ、日本の企業はタイにカット野菜の工場を建設したり、玉ねぎや生姜の産地を開発した。安い輸入農産物が流入して農業が打撃を受ければ、各国の農民同士が敵対する状況が生まれやすい。長く日本とアジアの農業・農村を歩いてきた農業ジャーナリストの大野和興(かずおき)氏は、いち早くその危険性に気づいていた。

「日本の百姓に、敵は競争相手のタイやアメリカの農民だという感覚が生まれ出していた。この軋轢が深まれば、排外主義的な動きになりかねない。その一方で、アジアの農民には、自分たちの作るものが日本に輸出できないのは日本の農民が反対しているためで、彼らは敵だという雰囲気があった」

それから間もなく、大野は農民作家の山下惣一(そういち)氏や山形県長井市の農民・菅野芳秀(かんのよしひで)氏らとタイの農村を訪れ、農民運動のリーダーたちと交流した。このとき、百姓同士が敵対するのではなく協調していくためには継続的な交流が必要だと考え、1991年2月に「アジア農民交流センター」(山下と菅野が共同代表、大野が初代事務局長)を結成する。その目的は次のとおりだ。

①技術交流などで農民の知恵の分かち合いを行います。
②各地で取り組まれている地域循環など足元からもうひとつの農業、暮らし、世の中を見直

す活動の共有を行います。

③(前略)グローバリゼーションが進行する中で、その現実に対峙し、人々が真に豊かに暮らせる明日を考え、実践するアジアの農民のつながりをつくります。

「要するに、百姓同士が一緒に酒を飲むことで仲間意識とゆるやかなネットワークをつくっていこうと思った。だから、別名アジア農民酒飲み会ですよ。酒を飲まないと百姓は本音を語らないから」と大野は笑うが、やってきたことの意味は大きい。タイやフィリピンや韓国から農民や地域のリーダーを招き、メンバーの家に民泊して農作業するとともに、日本の農村・農業の現実と、朝市、地産地消、堆肥の地域循環などの注目すべき取り組みを紹介した。日本からはおもにタイを訪れ、経験と知恵の交流をしていく。

そのなかで、輸出を進めても農民は豊かにはならず、むしろ借金が増えることがはっきりわかってきた。ここでは、彼らの交流から生まれた成果を二つあげておこう(9)。

一つは、日本の朝市に興味をもった東北タイの若い青年が帰国後に自らが暮らす村で朝市組合をつくり、中心部に朝市を開いたことだ。当時の村では生産した農産物を約30キロ離れた町の市場に出し、食べものの多くをその町の行商人から買っていたという。このあたりではサトウキビやキャッサバなどの商品作物生産が増え、自給部門が壊れていた。朝市ができたために売り場が生まれ、さまざまなものを作る農業がおもに女性や高齢者によって復活したのである。これは日本の直売所が盛んになっていった過程とそっくりだ。彼が始めた朝市は数年で10

以上の村に広がった。

この朝市に注目したのが、アジア・アフリカの多くの国・地域で活動するＮＧＯの日本国際ボランティアセンター（ＪＶＣ）である。村の朝市をベースに、村内だけでは消費しきれない農産物を有効販売する目的で、村と近くの町や市を結ぶ地場の市場づくりプロジェクトを２０００年から始め、02年に周辺でもっとも大きなポン市で週1回開催の市場を開設する。さらに、有機農産物の直売市場や共同農園も生まれた[10]。こうして練馬区や小川町と同様に、農産物とおカネの地域循環が実現したのである。

もう一つは、長井市で行われている循環型の地域社会づくり（レインボープラン）を取り入れたことだ[11]。長井市では市街地の消費者世帯の生ごみを回収して大型の堆肥センターで堆肥を製造し、その堆肥を使って農薬と化学肥料を普通の栽培の半分以下に抑えた農産物を作って、市内で販売している。タイのプアカーオ市（人口約2万人）の市長が菅野の縁で長井市を訪ねて視察し、タイ版レインボープランが２００４年から始まった。地元の状況に合わせて、町場から出た生ごみは農家の庭先に運ばれる。そして、小規模に飼われている豚のお腹におさまり、出てきた糞尿を堆肥化している。

アジアの農業は家族農業と自給が基本だ。それは、いろいろなものを少しずつ作って、地域で売るのに適している。自給できないものを、近隣地域で補い合う。それは、日本でもわずか50年前まではごく普通に行われていた交換システムである。大野が言う。

「地球規模の自由貿易は経済格差を広げ、環境面でマイナスが多すぎる。自給の延長上に小規模な交易があるべきだ。自由貿易ではなく、いわば自給貿易。そこにフェアトレードや民衆交易を組み合わせて、生産者が再生産できる仕組みを提案していきたい」

農水省や財界は、農産物の海外輸出を中国・台湾はじめ各国の富裕層相手に広げようとしてきた。だが、そもそも食べものは、気候的に生産地域が限られている嗜好品を除いて輸出入には適さない。フードマイレージ(食べもの輸入量×輸送距離)を増大させ、温暖化[12]と気候危機を促進し、保存のためのポストハーベスト(収穫後)農薬の使用増につながるだけだ。

必要なのは、農産物の輸出入の拡大、農産物のグローバリゼーションではない。アジア農民交流センターが先駆的に行ってきた、農薬や化学肥料に頼らない作り方、流通業者に頼らない売り方、小規模で美味しい加工の仕方、地域で楽しく生きる生き方を交流し合う、農民とその支援者による知恵と経験のグローバリゼーションこそが求められている。

六　他人事から自分事へ

白石の農園だけでなく、霜里農場にも実にたくさんの人が訪れる。金子はすでに200人近い研修生を育て、その9割が各地で有機農業で元気に生活している。長期滞在者を含めた訪問者は、アジアを中心になんと40カ国にも及ぶ。以前に奇数月第2土曜日に行われていた見学会は、すぐに50人の定員が埋まったという。

たしかに白石も金子も、農業全体から見ればまだまだ少数派ではある。とはいえ、白石は農協の理事を1期務め、金子も長く町会議員を務めたように、彼らの営農スタイルと生き方は地域社会で確固たる地位を築いている。さらに、「練馬区農業体験農園園主会」は2008年度の日本農業賞集団組織の部の大賞を、金子の集落で無農薬で米・小麦・大豆を作る「下里農地・水・環境保全向上対策委員会」は10年度の農林水産祭むらづくり部門の天皇杯を、それぞれ受賞した。

環境問題と化学物質汚染の深刻化や、豊かさの実感が得られない企業社会や都市の暮らしへの疑問とも相まって、若い層を中心に農への関心は21世紀に入って急速に深まった。2009年には史上初めての「農業ブーム」が起き、多くの雑誌が特集を組んだ。浅薄なブームは一過性で終わるが、10年代に定着したといっていいものに、半農半Xと非農家出身者の農業への新規参入がある。

前者は、提唱者の塩見直紀によれば「持続可能な農ある暮らしをしつつ、天の才（個性や能力、特技）を社会のために活かし、天職（＝X）を行う生き方、暮らし方」である[13]。Xをよりわかりやすく言えば、ライフワークや生きがいだ。ただし、それは地球の未来と子孫の暮らしにやさしくあってほしい。

また、ここでいう農は、出荷を前提としない自給である。農と天職が半々である必要はなく、極端に言えば1対99でもいい（もっとも、天職を見つけるほうがずっとむずかしい）。ベランダのプランターでハーブとシソとミニトマトを育てるだけでもいい。塩見が重視するのは食べものや生きものや環境をいとおしむ意識であり、地球の一員として生きていく「作法」なのだ。このメッセージは多くの若者を惹き付け、彼が主宰する半農半Xデザインスクール（京都府綾部市）も人気を集めてきた。

これに対して、後者はプロの農業である。農業は長い間、農家に生まれた長男が好き嫌いにかかわらず継ぐ仕事だった。ほんの30年ぐらいまで、非農家出身者が農業を始めるケースはほとんどなかった。統計によれば、１９９０年が69人、95年が２５１人だ。それが、２００６年以降は２０００人前後、12年以降はほぼ３０００人台で推移している（17ページ参照）。農業就業人口が06年から09年のわずか四年間で31万人も減っているなかで、これは特筆すべき数字だろう。そして、元々農家でないから消費者の感覚がわかり、イベントや体験の場を用意して両者の架け橋にもなれる。

実は、こうした動きは日本だけではない。米国の２００７年農業センサスでも、減少傾向にあった農場数が五年前より４％増えている。なかでも、年間販売額が１０００ドル未満の小規模農場が11万８０００戸も増加した。しかも、そうした農業には農業以外の仕事をもつ若い人が従事している場合が多いという[14]。

１９７０年代から80年代は、有機農業運動で援農が盛んだった。それは、生産者と消費者の間に成り立つ、支え合う関係でもある。消費者が草取りや田植えなどの手伝いに行き、交流を深めるのだ。それが高齢化などで衰えたいま、新たな形で農と接し、農山村の置かれた状況を知る意義は大きい。これらはイメージ的に言えば、援農というより楽農ないし遊農である。汗は思い切り流れ、体はきついけれど、爽快で、気持ちよく、楽しく、終了後は飯も酒もとびきり美味い。いうまでもなく、ごくわずかの体験にすぎない。それでも、農が自分に近づいてくる。

ぼく自身、仲間と長く無農薬で米を作っている。新たな参加者たちは口をそろえて「ご飯を一粒も残せなくなる」と語る。さらに、農作業しながら語り合うなかで、農産物の価格の安さや農薬を使わない農業の大変さにも思いをめぐらす。実体験をとおして、農が他人事ではなくなっていく。食べものの一部でも自給するなかで見えてくることは多い。食料自給率38%はどこか他人事の数字だ。自らの食卓の食べもの自給率を高めていこうと考えることで、自分事となる。その延長線上に、**図2**（34ページ）で言えば「農業の価値が分かり、金も払う」ような生活者（単なる消費者ではない）が形成されていくだろう。

もちろん、ぼくを含めてほとんどの人びとは、大半の食べものをおカネを払って商品として買う。しかし、農と接する体験を経ていくなかで、商品としての農産物ではなく、作った人の顔が見え、思いをこめて買う食べものとなる。日本の有機農業運動の草分けである日本有機農業研究会の有機農業推進委員会は、こう述べている。

「「提携」で支払われるお金は、個々の有機農産物に対する「代金」ではない。商品への支払いは売買契約の決済であり、したがってそれは「縁を切る」ためのお金といえる。他方、「提携」でのお金は、田畑を通した自然と労働への代償・謝礼であり、そしてそれは農家の生活費や生産費の保障を内容としているので、農産物を通じて田畑と人々を結び合うための「縁結びのお金」といえる[15]」

こうした縁のネットワークを、日々の生活をとおして太くしていきたい。冷たい金銭の関係が支配するなかで、人びとはいま、さまざまな形でのつながりを求めている。東日本大震災とコロナ禍を経て、それはより顕著になった。

スーパーでは、ひたすら値段と商品パッケージの裏の表示を見て買い物をする。生協などの共同購入では、黙々とOCR用紙にマーキングする。関係性が希薄だという点では、五十歩百歩ではないだろうか。直売所が賑わっている一つの要因は、表示による確認ではなく、作り方や食べ方をめぐっての会話があるからではないか。

白石も金子もアジア農民交流センターも、地域に暮らす普通の人びとを巻き込みながら、縁で結ばれる関係を広げてきた。それが特定の人同士の閉ざされたものではなくなり、多様な地場産業との連携を深めて、各地に地域資源を生かした循環型の「小さな経済」が成立したとき、市場経済を相対化する拠点となる。グローバリゼーションに対抗できるのは地域のチカラであり[16]、安全な食生活を守るためには農への越境が不可欠なのである。

（1）たとえば、小若順一『気をつけよう食品添加物——誰でもできる安全な食生活』（学陽書房、1986年）など。
（2）『日本農業新聞』2010年9月17日。
（3）農業改良普及員として減農薬稲作を提唱し、2000年からは自ら主宰する農と自然の研究所（10年に解散）を拠点に、農の価値を伝える講演・執筆・運動を続けてきた宇根豊の論稿を参照。たとえば『風景は百姓仕事がつくる』（築地書館、2010年）や『農は過去と未来をつなぐ——田んぼから考えたこと』（岩波書店、2010年）など。
（4）山下惣一編著『安ければ、それでいいのか!?』コモンズ、2001年。
（5）『しんぶん赤旗』2008年9月18日。「稲作農家の昨年（2007年）の家族労働報酬は、全国平均でみると一日8時間で1430円、「時給」換算にするとわずか179円となっていることが分かりました。（中略）本紙の問い合わせにたいし、農水省統計情報部が明らかにしました」
（6）白石を紹介した本や記事は非常に多い。よくまとまっているのは瀧井宏臣「都市農業のフルコース」（宇根豊・木内孝ほか『本来農業宣言』コモンズ、2009年）で、本人の著作としては『都会の百姓です。よろしく』（コモンズ、2001年）がある。
（7）瀧井宏臣『農のある人生——ベランダ農園から定年帰農まで』中央公論新社、2007年、大江正章『地域の力——食・農・まちづくり』岩波書店、2008年。
（8）金子を紹介した本や記事もきわめて多い。農業技術については鈴木麻衣子・中島紀一・長谷川浩「地域の自然に根ざした安定系としての有機農業の確立——埼玉県小川町霜里農場の実践から」（日本有機農業学会編『有機農業研究年報7有機農業の技術開発の課題』コモンズ、2007年）、地域への広がりについては金子美登「小利大安の世界を地域に広げる」（中島紀一・金子美登・西村和雄編著『有機農業の技術と考え方』

コモンズ、2010年)が参考になる。本人の著作としては『いのちを守る農場から』(家の光協会、1992年)などがある。

(9) 大野和興「アジアとの民間農業交流で見えてきたこと」日本有機農業学会編『有機農業研究年報8有機農業と国際協力』コモンズ、2008年。

(10) 壽賀一仁「地場の市場づくりを通じた有機農業の広がり――日本国際ボランティアセンター(JVC)」前掲『有機農業研究年報8有機農業と国際協力』。

(11) レインボープラン推進協議会著、大野和興編『台所と農業をつなぐ』創森社、2001年。

(12) 「温暖」という言葉には、いい響きのイメージがある。現実を直視するならば「高温化」というべきではないだろうか。この点に関しては、長く市民運動を続けている小林孝信氏にご教示いただいた。

(13) 塩見直紀『半農半Xという生き方』ソニー・マガジンズ、2003年。塩見直紀『半農半Xという生き方実践編』ソニー・マガジンズ、2006年。塩見直紀と種まき大作戦編著『半農半Xの種を播く――やりたい仕事も、農ある暮らしも』コモンズ、2007年。

(14) 米国在住の農業研究者・村本穣司氏(カリフォルニア大学サンタクルーズ校)からデータをいただき、田中滋氏(アジア太平洋資料センター)に翻訳していただいた。

(15) 日本有機農業研究会有機農業推進委員会「腐植がつなぐ森・里・海の「提携」ネットワークをつくろう――「流域自給」と「提携」から広がる有機農業」『土と健康』2010年7月号。

(16) 前掲(7)『地域の力』。

Ⅱ 学校給食と有機農業と地域づくり

地元産農産物の学校給食への導入を政策に掲げる市町村は、都市部を含めて多い。国も推奨している。しかし、地元産有機農産物の導入となると、めったに見られない。韓国やフランス、イタリアなどと比べて日本が大きく遅れている部分である。

本章ではその非常に少ない実践例として、1でいすみ市を取り上げた。有機農業が盛んでないにもかかわらず仕組みを数年でつくりあげた点で、大いに参考になる。

2では、直営・国産・無償化という方針のもと有機農産物の導入を急速に進めるソウル市の取り組みを紹介した。それは、国民の幸せにつながる社会・経済政策として位置づけられている。縦割りの単独政策ではない。これは、福祉や格差解消、非正規労働者の正規への転換など同市のさまざまな先進的事例に共通している。市民運動の提起を取り入れていることに、とくに注目してほしい。

1 全量地元産有機米の学校給食と有機農業●いすみ市(千葉県)

一　ゼロから広げた有機稲作

いすみ市はいま、全国の有機農業関係者や学校給食関係者、さらに農水省環境農業対策課からも大きな注目を集めている。取材や視察者も多く、2018年は18件、19年(10月まで)は25件だ。問い合わせは毎日のようにあるという。理由は、人口2000人以上の自治体では全国で初めて17年秋から学校給食用のお米をすべて地元産有機米(コシヒカリ)に切り替えたからである。

千葉県の東南部に位置するいすみ市は、なだらかな丘陵地と起伏に富んだ海岸線をもつ。市役所に近いJR外房線大原駅まで、東京駅から特急で約70分だ。産業の中心は農業と漁業であるが、Iの五で紹介した今治市や旧柿木村と違って、有機農業が盛んな自治体ではない。2000年農業センサスにおける無農薬農家率(合併前の夷隅(いすみ)町・大原町・岬町の合計)は0・52%で、全国平均の半分以下。有機米を生産する販売農家は、12年時点で1戸もない。

農業の基幹作物は米である。だが、米価の下落が進み、65歳以上の農家の割合が全国平均を10ポイント程度上回っていた。農家の生産意欲は減退し、離農者が増え、耕作放棄地が増加し、里山は荒廃する。２００５年の3町合併を機に市長に就任した太田洋の危機感は強かった。

そのころ、千葉県（当時は環境問題に造詣の深い堂本暁子知事）が生物多様性に関する日本初の地域戦略を策定したのを受けて、いすみ市は２００８年に「夷隅川流域生物多様性保全協議会」を設立。10年には「コウノトリ・トキの舞う関東自治体フォーラム」に役員自治体として参加する。この時点で、太田市長（以下、太田）に生物多様性という言葉がインプットされ、コウノトリがシンボルのまちづくりを目指していく（黎明期）。そのためには、農薬散布を中止しなければならない。

２０１２年に「自然と共生する里づくり連絡協議会」（以下、協議会）が設立される（事務局は地域産業戦略室）。その農業部会メンバーだった矢澤喜久雄氏が手を挙げて、翌年から無農薬栽培に取り組み始める。矢澤は高校教員を退職後、地元の営農組合「みねやの里」（集落の全農家22戸が参加、役員は全員60代以上）の組合長に就任し、なるべく農薬を使わずに栽培していた。もっとも、有機農業に精通していたわけではない。大失敗した。草に負けたのだ。

「雑草の問題を何とかしなければ広がらないと思いました。反面、カメムシを含めて害虫の被害はなく、カエルがすごく多かったですね」（矢澤[1]）

２０１３年度の栽培面積は22ａ、収穫量は２４０kg。10ａあたり反収は1・8俵である。立ち上げ期は悲惨な結果に終わった。ただし、この年から担当者が鮫田晋氏（13年度事業の主導は彼の上司）に代わる。その結果として事態が動くのだが、それは後述し、ここでは事実にしぼって述べる。

太田はいったん諦めかけるが、コウノトリへの強い思い入れから鮫田を環境保全型稲作が盛んな豊岡市に研修に出した。そこで彼が無農薬稲作での除草技術に優れた民間稲作研究所（稲葉光國理事長）の存在を知り、太田に紹介。２０１４年度から委託契約を結び、有機稲作モデル事業を開始した（始動期）。委託契約期間は3年間で、年間委託料は小規模自治体としては適正な額と言える。稲葉が年間5回ポイント研修に訪れるほか、実証圃の運営・評価に関わる指導・助言などを行う。それに先立ち、14年1月に彼の講演会を行う。その印象について、鮫田と矢澤が同じ趣旨を話した。

「技術の話だけではないのがよかった。食料主権、豊岡市の取り組み、ネオニコチノイドの問題……。大きなビジョンを語られ、価値観を変える内容だった。それらを通して農薬の危険性や無農薬の意義への認識が深まった」

目の前の技術面だけにとどまらないこの問題意識がのちの成功につながることを認識しておきたい。

２０１４年度の栽培面積は5倍の１・１haに増えた。4月には、コウノトリが飛来し、市長も地元も沸き立つ。みねやの里では稲葉の指導を忠実に実践し、イネの成長を妨げる草はほと

表2　有機稲作の広がり(2013～19年度)

年度	取組面積	農家戸数	農家経営体数	生産量
2013	22a	3	1	0.24 t
2014	110a	5	3	4 t
2015	450a	15	8	16 t
2016	870a	15	8	28 t
2017	1,400a	23	12	50 t
2018	1,700a	23	12	60 t
2019	2,300a	25	13	70 t

(注1)営農組合など共同出荷・共同会計は1経営体としてカウントしている。
(注2)みねやの里は、有機米の生産に実際に関わるメンバーのみ農家戸数としてカウントしている。
(注3)2017年度ごろから、JA出荷するだけでなく自主販売する農家が増えている。したがって、17年度以降の生産量は表の数字よりも多いと想定される。
(出典)いすみ市農林課作成。

んど発生しなかった。役員たちは「これならやれる」と思ったと言う。モデル事業に参加する農家には、減収補填の意味で10aあたり4万円を委託料として支払った。

以後の広がりは、**表2**に示したとおりである。モデル事業終了後の２０１７年度は14ha、19年度は23haである。農家戸数は25戸に、経営体数は13に増えた。19年度の生産量は70トン。5年前の17.5倍だ(開花期)。20年度の生産量は１００tを見込んでいる。

一連の事業を推進するための予算(協議会関連)は、２０１３・14年度が千葉県環境財団の環境再生基金(全額)、15・16年度は内閣府の地方創生先行型交付金(全額、１２００万~１３００万円程度)で、いすみ市の支出はない。17年度以降はいすみ市の一般財源が、17年度は約５５０万円、18年度は約７９０万円、19年度は約１２９０万円、投入されている。金額に比しての成果は高いと評価できる。

さらに2017年に、地域の落ち葉・孟宗竹・米ぬか・海藻を材料とした土着菌完熟堆肥を製造する、いすみ市土着菌完熟堆肥センターを設立。地域の未利用資源を活用して、小規模多品目の有機野菜栽培にも取り組んでいく、こうして、環境と経済が調和した「有機の里づくり」に向かって着実に歩んでいる。

二　学校給食への導入

環境と経済の両立を目指したこの有機稲作モデル事業では、有機米の農家手取り価格を60kg2万円に設定した。慣行米の約1・5倍で、農家が再生産可能な価格である。希望小売価格は5kg3500円（1kg700円）だ。太田は当初、この金額では売るのが難しいと思ったという。たしかに、一般的な感覚では高い。

2014年の協議会が行った勉強会で、ある市民が「子どもに食べさせたい」と提案する。矢澤も同様の想いがあったとぼくに語った。太田は「学校給食に使うのであれば、税金を投入しながら農家を育成できる」と考え、その場で同意。学校給食を担当する教育委員会も農政部門も寝耳に水だったが、これで有機米の学校給食への導入が決まる。地元産有機米を提供すること自体には、どこでも住民は反対しない。問題は生産と導入の仕組みづくりである。

表3　学校給食における有機米の使用状況

年度	有機米導入量	割合
2015	4 t	11%
2016	16 t	40%
2017	28 t	70%
2018	42 t	100%
2019	42 t	100%

（出典）いすみ市農林課作成。

２０１５年に初めて４トンの有機米が学校給食に使われ、３年後の18年には全量が有機米となった（**表3**）。10小学校と３中学校の約２５００人分（教員を含む）42トンを供給したのである。農林水産課（当時）の鮫田がその事業をもっぱら担い、先進自治体である今治市に学びながら、教育委員会と協力して推進していった。子どもたちの評価も高く、祖父母が農業をしている子どもは、こう声を弾ませていたという。

「毎日の給食が楽しみ。農家を継いで、おいしい米をみんなに食べてもらいたい」[2]

有機米はＪＡいすみから、いすみ市学校給食センターに納品される。直近3年間の慣行米との差額は１kgあたり１３０〜１５１円で、全量有機米になった２０１８・19年度は約５００万円が一般財源から支出されている。給食費は値上げしていない。ＪＡ出荷時の農家の手取り価格は60kgあたり2万円だ（有機ＪＡＳ認証取得米は2万３０００円で集荷し、外部に販売している）。

「日本の農業の原点に立って、安全な食料を供給できる地域のモデルを創りたい。そして、次代の子どもたちが健康に生きられる社会にしたい」（太田）

いすみ市の学校給食はセンター方式で、民間委託である。一般的には地場産農産物、まして有機農産物は導入しにくい。それでも、市長の強い姿勢、それを支える職員、農業者との協働が相まって、画期的成果が達成された。ただし、残食率は思ったほど減っていない。慣行米を食べた月も有機米を食べた月もある２０１６年度と17年度で比較すると、16年度の残食率は慣行米が21・２％、有機米が15・５％、17年度の残食率は慣行米が19・４％、有機米が17・８％である。とくに17年度は１・6ポイントしか減っていない。これは、自校式で炊き立てのご飯が食べられているわけではないことを反映しているだろう。

さらに、２０１８年冬からは移住者を中心とした小規模農業者の協力を得て、小松菜や人参などの有機野菜の提供が始まった。ＪＡや直売所を含めた有機野菜連絡部会も誕生。19年度は、ジャガイモ、玉ネギ、ネギ、ニラ、大根が加わった。

市立幼稚園・保育園への有機米導入については、福祉課と農林課で検討を進めている。使用する有機米は10トン程度なので対応可能だが、各保育所の食材購入先が異なっているし、地元商業の保護も必要なので、調整が求められる。

なお、２０１８年度以降、学校給食用42トン以外の有機米は、いすみ市内の農協直売所（１kg７００円）、千葉県内の大手スーパーなどで販売されている。ブランド名は「いすみっこ」。まず、地元の子ども、次に市民、そして市外へという流れは、本来の在り方である。今後は有機米を評価する生協との取引を広げていく方針だ。実現すれば、いすみ市の有機農業は大きく伸びていくにちがいない。それは、シビックプライド（住民の誇り）の形成につながる。

いすみ市の成功については太田市長のリーダーシップが高く評価されている。それは間違いないが、他にも重要な点がある。

三　なぜうまくいったのか――公と民の連携

第一の要因は、太田が地域の農業を何とかしたいという気持ちが強くあると同時に、農業の素人だったことである。彼は非農家出身で、両親は公務員と教員だ。以前は千葉県職員だったが、そこでも農政には関わっていない。だから、「有機農業は難しい。無農薬米なんて、できっこない」という誤った思い込みがない。それは、こんな発言からも裏付けられる。

「鮫田君は、農家出身じゃないからよい。先入感がなく、既成概念にとらわれていない。農家出身だったら、（無農薬稲作に対して）親から『このバカ』と言われますよ」

第二のきわめて大きな要因は、人と、人を生かす体制である。2014年度から担当になった鮫田は、趣味のサーフィンをやりたいがために、東京の民間企業から転職して、05年に旧岬町役場に入庁した。もともと、いすみ市とは縁もゆかりもない。教育委員会に配属されて、子どもの体力向上事業で成果を挙げたが、農業については素人である。

ただし「オーガニックへの憧れみたいなことはあり、自炊のときは玄米を食べたり、（市内にあるマクロビオティック料理の）ブラウンズフィールドへ食べに行ったりしていた」と語る。つまり、有機農業へすんなり入ることができる価値観と感性があり、かつ仕事ができた。いすみ市内の慣行農業者には、無農薬にこだわるブラウンズフィールドへの忌避感がみられる。

　実は黎明期以来、企画政策課や商工観光課などに置かれた地域産業戦略室（当初はまちづくり戦略室）の担当者は2012年度まで毎年、異動している。おそらく、太田の方針についていけず、戸惑うばかりだったのであろう。13年度に鮫田が担当になり、翌年、仕事をすべて持って農林水産課（現在は農林課）に異動した。仕事が人についていき、縦割組織を超えるという異例の人事であるが、太田の慧眼と言える。

　鮫田は太田から「豊岡のようになりたいから何とかしてくれ」と言われ、毎日遅くまで庁舎に残って、インターネットで検索し、研究論文やレポートを読みあさり、稲葉と宇根豊に行きつく。そして、除草に悩む農業者たちを見て、稲葉へ指導を仰いだのだ。

「無農薬にしか魅力を感じなかったし、減農薬やっても世の中が変わるとは思わなかった。農薬の成分を減らして、いくらか価格が上がっても、地域の閉塞感を打破するムーブメントにはなりません」

　鮫田は実証圃場の設計を担当し、頻繁に現場に出かけ、水管理のアドバイスをする。有機米の全生産者をつぶさに知り、彼らから信頼されている。全員が常にうまくいっているわけではないが、市民に有機米給食が浸透するなかで農業者は成功体験を積み重ねている。市役所内でも徐々に認知されてきた。

　また、いすみ市は2018年7月に、「第5回生物の多様性を育む農業国際会議」を開く。

それまでの開催地のような行政の長い蓄積がないなかでの太田の蛮勇というしかないが、それを中心的に担った職員はわずか二人。鮫田に加えて、任期付職員の手塚幸夫氏である。

いすみ市出身の手塚は学生時代からカウンターカルチャーと反戦・反原発運動に熱意を傾けてきた。高校教員になってからは自然保護活動に力を入れ、40歳で地元に戻ると農業・漁業と自然との関係に注目し、堂本知事のもとで「生物多様性ちば県戦略」(63ページ参照)に深く関わる。２０１５年に策定した「いすみ生物多様性戦略」では策定副委員長を務め、「生物多様性を活かした産業創造」を提起した。地元農業者やブラウンズフィールド、最近増えている移住者との付き合いも深い。鮫田が働きかけて2年間の職員採用が認められ、会議は成功する。いすみ市にとって有機米学校給食をアピールする大きな出来事であった。

鮫田という「民」(市民)の感覚を持った「公」と、「民」(市民活動)の立場から「公」とも連携できる手塚。二人の存在なくして、いすみ市の成功はありえない。それは、「公」と「民」が相互乗り入れして、共に有機農業推進という政策課題を担っていく。いわば、「公」が「共(コモンズ)」に[3]、制度が運動に、開かれていく過程と言えるだろう。

なお、農林課と他の組織(教育委員会や移住・創業支援室)との連携は今後の課題である。現在、充実した食農教育「田んぼと里山と生物多様性」(年間30時間)は夷隅小学校でしか行われていない。その担当者は鮫田と手塚である。ここでも、公と民が連携している。彼らの授業を受けた5年生の給食の食べ残しは、群を抜いて少ないという。だが、二人ではとても他の小学校までは手が回らない。たとえば地域おこし協力隊が、イベント対応ではなく、食農教育を担ってもよいはずだ。その分野にしぼった採用も考えられる。

四　有機稲作がどこまで広がるか

太田市長は、いすみ市の有機米作付面積200haを目指している。稲作の作付面積は1728ha(2015年農業センサス)だから、その約12%という実に意欲的な数字である。19年度は23haだから、その8・7倍に当たる。常識的に考えれば難しいだろう。どうやって広げていくのか。

有機稲作生産者の拡大を行うのは、鮫田をはじめ農林課だけではない。手塚も積極的である。もちろん、それは行政に頼まれたからではなく、有機農業を広げたい、地域を元気にしたいという自らの想いによる。

たとえば2019年には、手塚が誘って水田16haの大規模農家(1980年生まれ)が加わった。本人曰く「東京でいろいろ遊んだが、ずっと暮らしたくはない」から、26歳で戻って農家を継いだ。話を聞いていると、有機農業にこだわりがありそうには見えない。だが、手塚は彼が以前に50aを無農薬で栽培していたことがあるのを知っていたし、「趣味がフリージャズで、感覚的にいけそうだ(有機農業をやりそうだ)と思った」と語る。このあたりが自然観察だけでなく、人間観察にも優れる手塚たるゆえんだ。

彼は1・5haを有機に転換し、収量は9俵半と慣行を上回った。「肥しを相当入れているから、経費はかかっている」と話しつつ、20年は3haに増やすという。こうした地域農業の有力な担い手が有機稲作に加わる意義は大きい。

有機農業の新規参入者は野菜が中心で、稲作は少ない。半農半Xの場合は、稲作を行うとしてもほぼ自給用である。手塚が「基本的に地元の専業農家に声をかけている」のは正解だ。これまで慣行稲作から有機稲作への転換の働きかけは、付加価値を付けて高く売るという経営的側面(「産業化」)が多かった。一方、有機稲作の拡大が農業の衰退を押しとどめ、地域づくりにつながるという側面に着目すれば、それは「社会的な問題の解決」「有機農業の社会化[4]」にほかならない。

いすみ市で稲作をメインとする専業農家は170戸程度で、その平均耕作面積はおよそ8ha。彼らがその2〜3割を有機農業に転換していかなければ、目標の200haは達成できない。それに、定年退職者を中心とする兼業農家や、そのグループが加わる。両者が車の両輪とならなければならない。それらのエンジンは、利益や個人的信念ではなく、活気ある地域を創りたいという気持ちである。さらに、その補助輪として移住者による自給稲作を位置づけていくべきだろう。

手塚は「若手専業農家(30代〜50代)の4人にひとりが有機に変われば、いすみの有機農業は完成だ」と語る。ここでいう「有機に変われば」は、全面転換ではなく部分転換であり、先行者の成果が上がっていけば非現実的な目標ではないと言ってよいのではないか。

首長がリーダーシップをとり、支える職員らによって組織・指導体制が形成でき、技術が定着すれば、それまで盛んでなかった地域にも有機農業は広がるだろう。むしろ、技術や生き方にこだわるタイプの有機農業者（それが悪いわけではない）が少なく、農業者間の対立が少ない分だけ、広がりやすいかもしれない。

五　地元産有機米給食が地域の発展にどう寄与するか

２０１４～18年度の移住者数の推移を**表4**に示した。５年間の合計は２７６人で、18年度末の人口３万８０６２人の０・７％である。人口規模から言えば高いし、増加傾向にある。単身者が多いことも読みとれる。実際、若い世代に人気がある著名な社会活動家を含めて、元気な移住者が多い。週末には市内各所でマルシェや市（いち）が行われ、賑わっている。とはいえ、11年度以降、社会増にはなっていない（18年はマイナス０・

表4　いすみ市への移住者数の推移（2014～18年度）

年度	世帯	人数
2014	19	28
2015	24	52
2016	31	57
2017	33	71
2018	46	68
合計	153	276

（出典）いすみ市水産商工課移住・創業支援室提供の資料に基づき筆者作成。

31％）。

また、現時点では人口減少に歯止めがかかってはいない。増減率を見ると、２０１０年はマイナス０・74％、14年はマイナス１・26％、18年はマイナス１・51％である。ただし、今治市で地産地消の学校給食を推進してきた職員によれば、有機農産物を使った給食や食事を出す保育園や産婦人科病院は、入園者や入院者が増えているという。今後、子育て世代の移住が増える可能性は少なからずあるだろう。

だが、人口増だけを地域活性化の指標とする考え方自体が間違っている。いま注目すべきは「にぎやかな過疎」である。[5] 自然減が著しいために人口減少は加速しているが、地域内では新たな動きが起こり、「なにかガヤガヤしている雰囲気が伝わってくる」現象である。各地の農山村の動きに精通する小田切徳美はその代表格として徳島県美波(みなみ)町を挙げているが、ぼくもこうした農山村をいくつか見てきた。ほぼ例外なくカフェや農家レストランが誕生し、ＩＴ系やデザイン系を中心とするサテライトオフィスが生まれている。こうした田園回帰の流れと有機農業や有機農産物を使った学校給食は、きわめて親和性が高い。

にぎやかな過疎が実現するためには、地域づくりの中心となる地元住民が移住者に対して壁をつくらないことが肝心である。ところが、移住者たちが行うイベントや催しへの参加に最も消極的なのが専業農家である。これは年代と地域を問わない。忙しいこともあるが、「文化が違う」という声をよく聞く。その結果、移住者は移住者同士のコミュニティをつくってしまう。

手塚や鮫田は、地元の土着文化と移住者や農山村に関心を持つ「関係人口」も含めた外来文化の双方が分かる貴重な存在である。彼らが架け橋となって、両者がつながるとき、いすみ市の有機農業は次の段階を迎えるであろう。

（1）本稿の内容は2018年2月1日、11月15～16日、19年9月11～12日に関係者に行ったインタビューや各種資料に基づいている。
（2）千葉日報オンライン「給食、全て有機米に　全国初　いすみ市が実現」2017年10月27日。
（3）近代化とは、私的所有や私的管理に分割されず、国や都道府県といった広域行政の公的管理にも包括されない、地域住民の「共」的管理（自治）の領域を狭め、公（国家・政府）と私（市場）に引き裂く過程であった。だが、いまや政府の失敗も市場の失敗も明らかとなっている。情報や知識の共有化（コモンズ化）も含めて、私的占有や公的管理から共的領域を取り戻すことが喫緊の課題である。
（4）環境社会学者で有機農業に詳しい谷口吉光は、有機農業の社会化を「有機農業が社会的な問題の解決に貢献することを通じて、地域に、社会に広がっていく動き」と定義している。
（5）小田切徳美「「にぎやかな過疎」をつくる―農山漁村の地方創生―」『町村週報』2019年1月7日号。

2 ソウル市の学校給食における有機農産物導入政策に学ぶ

一　なぜ注目されているのか

韓国ソウル市では、学校給食に有機農産物（韓国では親環境農産物という）を積極的に導入している。その比率は、2019年現在で、小学校8割、中学校6割、保育園や地域児童センター（放課後に過ごす場）、福祉施設など（韓国では公共給食という）が三分の一だ。しかも、それを21年度までに小学校・中学校・高校を100%、22年度までに公共給食を70%以上に上げようとしている。

日本では、この政策に対する関心が有機農業関係者だけでなく、市民団体、一部の学校給食関係者の間で高まっている。その大きな理由は、日本では有機農産物を使用した学校給食の事例が非常に少ないことに加えて[1]、ソウル市では有機農産物の導入にあたって直営・国産・無償化という三本柱が貫かれているからである。この点を見逃してはならない。

直営と無償化については、近年の日本の傾向と正反対だ。

韓国では小学校・中学校・高校とも100％直営で、自校式調理である。一方、日本の外部（民間）委託率は、2018年に50・6％となり、初めて過半数を上回った。1990年には5・2％だったから、隔世の感がある。国の行政改革や民間活力の導入方針にともない、2000年以降に急速に増えた。

だが、民間委託は働く職員の低賃金、不安定雇用に加えて、味の低下も指摘されている。また、直営であれば、献立づくり・食材調達・調理は自治体職員・教育職員として、教育的観点をふまえて行われる。しかし、委託の場合は、発注者と受注者という上下関係になり、調理場での栄養職員と調理員の協働による知識や技能、児童・生徒への思いが蓄積されていかない。ただし、ぼくはすべての民間委託が悪いわけではないと考えている。たとえば奈良市では、長年の課題であった中学校の完全給食化を2017年に実現した。市民を含む検討委員会で30年間の経費を試算したところ、自校式で調理を民間委託すると大規模センターでの運営よりも少ない支出になったという。生徒たちには味が好評で、卒業生から調理員へ感謝の寄せ書きが送られた（『朝日新聞』2019年7月11日）。

そして、韓国全土の無償化比率は74・3％（2016年度）だ。これに対して、文部科学省が18年に発表した「平成29年度の「学校給食費無償化等の実施状況」（中略）の調査結果について」によると、全国の1740自治体のうち、小中学校とも無償化を実施している自治体は76、どちらかのみ実施が6で、合計82自治体（4・7％）にすぎない。そのほとんどは人口10万人以下だ。日本の子どもの貧困率は13・5%（18年）で、学校給食で食生活が支えられているケースは少なくない。夏休み明けに痩せてくる子どもが少なくないと多くの教員が語る。

さらに、いすみ市の取り組みが自治体の首長や一部職員の間で話題になっている。本章[1]などで述べたように、地元産有機コシヒカリを全量使用した学校給食（週3回米飯）が話題を呼び、人口減少に一定の歯止めをかけ、「にぎやかな過疎」につながりつつあるからだ。地域の農業は元気になり、慣行農法の専業農家が一部を有機米に転換し始めた。

二　日本の学校給食の現状

韓国と比較する意味で、簡単に日本の学校給食の現状をみておこう。日本で学校給食を２０１８年度に実施している学校は約３万校ある（小学校１万９６３５校、中学校１万１５１校、そのほか定時制高校など）。そのうち、主食・おかず・牛乳から成る完全給食（ご飯に牛乳は不自然だが）を実施しているのは、小学校98・5%、中学校86・6%だ（学校ベース）。生徒数でみると、中学校は79・0%まで下がる。小学校は全都道府県で９割を超えているが、中学校では神奈川県が44・5%と突出して低い（以下を含めて本節のデータは、文部科学省「平成30年度学校給食実施状況等調査」（19年）に基づく）。

これは、人口３７５万人の横浜市が実施していないからである。それを反映して、中学校の生徒数では33・0%と全県の三分の一が給食を食べていない。横浜市は1960～70年代に人口が急増し、学校設置を優先させたため、給食室や給食センターまで手が回らなかったというのが市の説明だが、納得はできない。埼玉県南部のように人口が急増した自治体は他にもある。2017年の市長選挙では中学校給食の導入が争点となったものの（神奈川新聞が行った世論調査では「給食を実施すべき」が53・4%）、導入を訴えた候補者は敗れた。

なお、一部の全日制高校でも給食が導入され始めているが、学校給食法上の「学校給食」ではない。

調理方式は、小学校と中学校では、かなり異なる。学校数ベースで見ると、小学校では、単独調理場方式（自校式）が47・2%、共同調理場方式（センター方式）が52・0%、その他が0・8%である。中学校では、単独調理場方式が25・5%と大きく減り、共同調理場方式が62・4%に増え、その他が12・1%と急増する。これらの比率は都道府県によって大幅に違う。小学校の場合、都市部で自校式の比率が高い。

その他の比率は、統計に表れた2012年以降、上がり続けている。これは主にデリバリー方式と考えられる。日本の学校給食に最も詳しい牧下圭貴氏（「学校給食ニュース」編集責任者）は、おおむね次のように指摘している。

「その他は、学校給食の設置者である自治体が給食施設をつくらず、はじめから民間の給食・弁当などの事業者の施設で、その事業者が調理・配送する方式。基本的に、栄養教職員が献立をたて、それをもとに事業者が調理する。事業者の施設は、学校給食の衛生管理基準に準拠する必要はない。これまで衛生面、味、異物混入、多量の残食などの問題を起こしてきた」

小中学校合わせた自校式の比率は、１９９６年の46・４％から２０１８年には40・４％に下がった。センター方式には、加工食品の使用が増える、地場農産物が扱いづらい、食べるときに冷めている、調理員と児童・生徒の触れ合いがなくなる、残食が多くなるといった短所が多い。１万人以上の給食を調理する大規模センターは26施設、５０００人以上の施設と合わせると２０３施設で、全体の８・７％を占める。調理場というより、調理工場である。大量調理では納品時間に追われ、だしをとる、手作りするといった手間はとてもかけられない。

調理場で働く職員は約４万５０００人で、１９９６年より４割程度減った。常勤（正規）職員の比率は55・４％で、２年前より２・２ポイント低い。退職者が出ても新規職員を補充せず、非常勤職員で補う。こうして調理員数が減った後に、民間委託が行われる。また、新規職員が採用されないと、職場に活気が失われ、世代間ギャップが生じ、技能や想いが継承できなくなる。これは、学校給食に限らず、清掃・水道など市町村の現業職員に共通する課題である。

三　有機農産物を学校給食に導入し、都市農村共生社会をつくる

有機農産物を使用した学校給食に総論として反対する人は、日本でもほとんどいない。父母

からは、地元の安全な食材を使用してほしいという要望が強い。多くの農業者は自らが作った無農薬・低農薬の米や野菜を子どもたち・孫たちに食べてほしいと望んでいる。しかし、行政関係者に「有機農業は困難である。まして学校給食への安定的供給は不可能だ」という思い込みが強く、広がらない。では、なぜソウル市では、実現しつつあるのか。

その大きな理由は、ソウル市が有機農産物を使用した学校給食を単なる給食政策ではなく、市民の幸せにつながる社会・経済政策としているからにほかならない。その背景には、市民運動の力がある。2010年3月に2200の市民団体が結集した「親環境無償給食草の根国民連帯」が発足し、自治体選挙で無償給食を公約化させる政策キャンペーンを展開した。以下は、その五大スローガンである。(2)

①親環境無償給食は教育だ。
②親環境無償給食は普遍的福祉の実現だ。
③親環境無償給食は地域経済を活性化する。
④親環境無償給食は親環境農業を拡大する。
⑤親環境無償給食は子どもたちの幸せだ。

これらは、韓国社会の質的成長と教育議題として提示されている。幅広い文脈に位置づけられているのである。選挙では、これらの公約を掲げた候補者が多く当選した。

この流れを受けて、ソウル市では「都農相生公共給食事業」を掲げる。残留農薬や放射能汚染など食べものの安全性への市民の不安を解消し、給食がなかった保育園や地域児童センターへも新たに提供する目的である。同時に、人口が減少し、高齢化が加速する農村の衰退を防ぐために、給食への食材提供という新たなニーズと所得をもたらし、中小農家を強くしていく。韓国では2012年に効力が発生した米韓自由貿易協定締結後、牛肉と果実の輸入が増大するとともに、小規模農家と大規模農家の所得格差が広がっているからである。

こうして次の五大原則(価値)が定められた。

①公共給食をとおしてソウル市民に健康で安全な食を提供する。

②持続可能な食を媒介に、生産者と消費者が信頼し合う社会的関係網(セーフティネット)を形成する。

③中小家族農家中心の生産―調達体系を構築し、都農相生を実現する。

④教育をとおして農業の生態的価値と食の大切さを向上させる。

⑤民・官の協力のもとに差別化された(新しい)関係市場を造成する。

ここでのキーワードは、③の都農相生だ。日本語に訳せば都市農村共生社会だろう。持続可能な農業すなわち有機農業は、その実現のための、いわばフラッグシップである。学校給食・公共給食は地域づくりのきわめて重要な資源であると認識されている。

日本では、有機農業がこうした文脈に位置づけられていない。有機農業を慣行農業と区別するポイントは、よく言われる安全性でも付加価値でもない。安全性を強調すれば、慣行農家を巻き込めない。付加価値を強調すれば、市場経済のもとでの儲けの話にとどまる。いま考えるべきは、ますます強まる田園回帰の流れと有機農業にきわめて親和性があることだ。大半の移住者たちは食べものの部分的自給に関心があり、実践している。ほぼ例外なく、農薬は使っていない。人を呼び込み、活気ある地域を創ろうと思えば、有機農業なのだ(26ページ参照)。

無償化については、人権の保障と考えられている。それは韓国憲法第31条の「義務教育は無償とする」を根拠とする。普遍給食ないし国民給食という名称がふさわしいとの声もあるそうだ。[3]

私は、本質的には教育・福祉・医療など日常生活に関わる分野を公費で支える普遍主義を選ぶのか、所得に応じて負担を求める選別主義を選ぶのかという政策選択の問題であると考える。現在のソウル市も韓国も前者を採用し、日本は後者を採用している。ここでは、単に学校給食をめぐる政策ではなく、総合的に見て市民の幸せを最大化する政策とは何かという視点から考えなければならない。

なお、韓国では2019年以降に農業政策の大転換が進みつつある。[4] それは大統領諮問機関の農漁村・農漁業特別委員会の主導で行われ、規模拡大・施設化の重視ではなく、農業・農村のもつ社会的・環境的機能の発揮が目指されている。言い換えれば、経済成長至上主義から、「農漁民の幸せこそ、国民の幸せ」をスローガンとした国民葬幸福(GNH)実現への転換であり、前述の五大スローガンと響き合う。

四　市民運動から政策へ

直営・国産・無償化の三本柱は、農業者と連帯する市民運動によって１９９８年ごろから主張されるようになった。無償化はとくに２００７〜11年に争点化し、11年10月のソウル市長選挙の最大の争点となり、無償化を掲げた朴元淳(パクウォンスン)市長の誕生と現在の政策につながる。市民運動が提起した政策を行政が受け入れたのである。この市民運動のスローガンは「子どもたちには健康を、農民には希望を」であり、当初から農業者支援が目標の一つだった。

２０１１年からは、社会・経済の民主化(脱新自由主義)を背景にした親環境農産物給食へと進化していく。つまり、無償＋親環境農産物である。加えて、公共給食の導入・拡大と、農業者支援にとどまらない都農相生が打ち出された。現在、韓国の親環境農産物流通の４割弱を学校給食が占めている。

そして、２０１２年にソウル特別市親環境無償給食などの支援に関する条例を制定。「無償給食実施に必要な経費を支援することにより……健全な心身発達と正しい食生活習慣の形成を図り、親環境農産物や加工品の消費を促進させ……持続可能な地域発展に寄与することを目的とする」と定められた。

「ソウル市親環境農業無償給食成果白書」によると、２０１７年現在のソウル市学校給食の親環境農産物生産者は１５９９人で、その７割が小農である。学校給食は「全国各地の中小家族農業者の希望となっている。学校給食をとおした持続可能で安定的な食と農の関係づくりは、農場から食卓に至る全過程を顔が見える生産と消費構造に転換し、都市と農村の信頼関係の回復に寄与している」(同白書)のである。

また、ソウル市では保護者を食生活講師に養成し、市民参加と協働のもとで、総合的な食教育が進められている。2020年に亡くなった朴元淳市長の信条は「革新と協治」だった。協治とは参加や参画より積極的・能動的な概念であり、市民の政策決定関与と市政参画による協同統治と言ってよい。13年から毎年80人前後を養成、すでに約400人にのぼるという。食べものの安全性、ローカルフード、フェアトレード、動物福祉などを学んだうえで学校に派遣されて、教壇に立つ。それは本来の民間活力＝市民のチカラの導入であり、柔軟な教育行政である。彼ら・彼女らは学校と地域社会を結ぶ食のリーダーだ。

五　ソウル市の親環境農産物調達システム

では、学校や保育園などは、どのように親環境農産物を手に入れているのだろうか。日本では、仮に有機農産物を導入しようとしても、ここで壁にぶつかる。ソウル市は都市農業に力を入れてはいるが、市内農産物で給食に必要な米や野菜をまかなえないのは言うまでもない。

ソウル市では、親環境給食課と教育庁の協働で学校給食政策を立案・実施している。市内にある25の自治区(権限は東京23区に近く、区長は公選制)が地方の自治体と一対一の契約を結ぶ。たとえば市内東部で有機農業が盛んな江東区(カンドン)は全羅北道(チョルラプクト)中部の完州郡(ワンジュ)と契約している。契約相手は、農協や農業者団体の場合もある。生産者との直接取引で安全な農産物を適正価格で手に入れ、持続可能な農業の実現に寄与する。

ただし、親環境農産物の92%は韓国の基準でいう無農薬農産物(有機合成農薬はまったく使わないが、化学肥料は慣行農法の施肥量の三分の一まで認められる)だ(5)。有機合成農薬も化学肥料もまったく使わない有機農産物は価格が高いためだという。また、加工食品については学校ごとに業者と個別に契約する。

公共給食については、加工食品も含めて公共給食センターが調達する。親環境農産物でまかなえない分は、既存の卸や市場から調達する。2019年現在13の公共給食センターがあり、それぞれ産地の公共給食センターと契約を結ぶ。公共給食センターの運営は生協・有機農産物協同組合・社会的企業などが受託し、ソウル市の職員が派遣されて協力する。運営にはとくに、親環境農産物の導入に積極的に取り組んできた生協の経験が生かされている。20年度には25自治区すべてにつくる予定だという。運営費の分担は教育庁50%、ソウル市30%、自治区20%である。また、公共給食センター管轄下の住民と農村部との交流が年8~10回、行われている。

なお、2019年度のソウル市予算38兆ウォンのうち給食関連は1653億ウォン(約147億円)で、0・44%を占める。一見少ないように見えるが、たとえば日本の都市農業政策先進自治体の横浜市の農政関連予算は13億円で、市予算の0・04%にすぎない。親環境農産物を100%にするには、人件費と管理費を含めて年間約7000億ウォンが必要とされる。

東北4区公共給食センターの鄭成玉センター長は2020年2月に来日した際の報告をスローフードの提唱者であるカルロ・ペトリーニの次の言葉で結んだ。

「都市消費者が農民と手を結ぶことが、食べる権利と生態系のための真の代案である」

こうした思想が韓国の学校給食政策や農業政策には基本精神として貫かれている。

(1) 数少ない例外として、いすみ市、島根県旧柿木村(現吉賀町)が米と野菜で、愛媛県今治市が野菜と果物で、1980年代から取り組んできた。
(2) 鄭成玉「ソウル市の親環境無償給食と都農相生公共給食」2020年2月14日、公開学習会(東京都新宿区)発表資料。
(3) 姜乃榮「韓国のコロナ対策～その後～——感染第二波の防止と経済復興、市民社会の取り組み:学校給食を中心に」2020年7月7日、アジア太平洋資料センターオンライン講座、発表資料。
(4)『日本農業新聞』2020年1月5日、参照。
(5) 以下、2019年10月22日にソウル市東北4区公共給食センターで行ったインタビューに基づく。

Ⅲ

地域に広がる有機農業

有機農業推進法制定以降、有機農業は地域への広がりをみせた。ここでは、1970 年代から盛んであった島根県と、県内各地に有機農業やそれに近い活動が点在する埼玉県に焦点をあてる。両県とも農業（農林）大学校に有機農業コースがあり、非血縁後継者を意識的に育成している。

島根県の特徴は農業者に加えて県の行政が非常に熱心なことだ。環境保全型農業の延長上に有機農業を位置づけるのではなく、独自の政策形成を行っているとともに、産業型有機農業と暮らし型（生き方としての）有機農業の双方を支援している。現場に学ぶ姿勢も強い。

埼玉県については、1960 年代以降の県の農業の大きな変遷を振り返ったうえで、不十分に終わった「有機100 倍運動」や、全国的にも有機農業が盛んな小川町などを紹介した。島根県とは違って熱心とは言えなかった行政の姿勢にも変化がみられつつある。

1 有機の郷をつくる──中山間地域こそ有機農業

一　有機農業に積極的な島根県

有機農業推進法が制定され、全都道府県で有機農業推進計画が策定されたものの、有機農業推進体制が整備された市町村は33％で、過半数には大きく及ばない。策定された有機農業推進計画が、環境保全型農業推進計画とあまり変わらない場合も多い。有機農業の推進主体が農業者とその関係者の自主的な取り組みにあることは言うまでもないが、同時に地方自治体もまた有機農業を広げる責務を有する（有機農業推進法第4条）から、その施策内容は有機農業を進めるうえで重要である。

島根県は2011年度に県単独事業として「みんなでつくる『しまね有機の郷事業』」を創設し、農業者個人や流通・販売業者との事業実施、本格的参入前のチャレンジ事業などを可能にした。有機農業関連予算は毎年6000〜7000万円である。12年度からは農林大学校に全国で初めて有機農業専攻が設けられた。「島根総合発展計画」にも、有機農業の推進が明確に位置づけられている。組織全体としては有機農業に冷ややかだったと言われる島根大学でも、技術面で有機農業を支えようと新たな研究グループがスタートした。そこでは、有機農業および未利用有機資源の活用が重要な課題として設定されている。

こうした背景にある多くの県内農業行政関係者の認識について、農林大学校の吉田政昭校長（２０１５年当時、以下同じ）はこう語った。

「中海・宍道湖の環境浄化、日本一の清流・高津川[1]の存在などを考えれば、島根の農業振興の前提は環境への配慮です。しかも、有機農業の先達や地域も多い。大規模化に不向きな地理的条件であることも、共通認識です」

有機農業の特徴である少量多品目栽培、近隣の有機質資源の利用（地域内循環）、小規模ないし中規模経営、環境・景観の保全や生物多様性の維持、食農教育の場といった公共的機能の発揮を見ると、国土面積の約７割を占める中山間地域に有機農業が向いていることがわかる。県土の多くが中山間地域に位置する島根県では早くも１９６０年代後半から、旧木次町（現雲南市）、旧柿木村（現吉賀町）、旧弥栄村（現浜田市）などで、自給的有機農業（暮らし型有機農業、生き方としての有機農業）の取り組みが始まった。そこでは、山村の暮らしの豊かさ、自給の意義がはっきり認識されている。最近では、半農半Ｘを志す非農家出身の若い移住者が多い。

他方で、浜田市や江津市では、県内では大規模な施設野菜栽培で有機ＪＡＳ認証を取得し、生協や首都圏・近畿圏の量販店、地元スーパーとの契約栽培を行う若手生産者グループ（産業型有機農業)も増えてきた。彼らは有機農業の生産性を重視しつつ、周辺住民の雇用や活気あふれる地域づくりにも熱心である。

二 有機農業は環境保全型農業の延長ではない

島根県では、中山間地域という条件をふまえた農業振興の方向性を模索するなかで有機農業に着目した。そこで特徴的なのは、他の多くの自治体のように、環境保全型農業の延長に有機農業を位置づけてはいないことだ。当初から有機農業を志向し、その課題を解決していくための施策が打ち出されていく。島根総合発展計画策定当時の担当者は、次のように述べている。

「大規模化や主産地形成による競争力の強化という従来の農業振興のロジックでは、将来展望を見いだすことが難しい本県の農業や農村にとって、有機農業は個々の生産は小さくても存在感を発揮でき、内外に情報発信できる手法であるとともに、現在の閉塞感を打ち破る手法として可能性は大きい(中略)。重要な点は、環境保全型農業推進の延長上に有機農業があるのではなく、有機農業を始めから志向し、その課題や解決手法を検討し、施策を打ち出して行く必要があるということが理解されつつあることである。化学肥料や農薬の削減手法を突き詰めていっても有機農業にはたどり着かない。始めから化学的な資材に頼らないという意識が行政側にもなければ有機農業の振興にはつながらないと考えている[2]」

また、他の多くの自治体とは異なり、有機農業を特別な農業とは捉えていない。長く有機農業行政に携わった松本公一は、「もともと日本では、基本的にいわゆる有機農業や循環型農業が営まれてきており、終戦後に大きく様変わりしてしまったのではないか」と述べている。本来の農業に立ち返る道筋として有機農業を位置づけていると言ってもよい。

こうした発想のもとでの有機農業行政の特徴として、以下の五点が挙げられるだろう。

①地域自給を基本とした取り組み(暮らし型・自給型有機農業)と経済活動として展開されている取り組み(産業型・経営型有機農業)の双方を車の両輪として進める。前者はこれまでほとんどの行政で無視されてきたが、中山間地域の実情と新規就農者の有機農業志向をみれば、地域自給の推進は理にかなっている。

②有機農業技術はマニュアル化しにくいので、技術開発・研究の結果、五〜六割の見通しがついた段階で、現場に出して利用の判断を農家にゆだねていく。ぼくとともに調査した藤田正雄(自然農法国際開発センター)は、「リスクを負いながらも、農家とともに確定していく姿勢が有機農業の技術確立には必要」として、このスタンスを高く評価した。

③普及指導員に対する有機農業研修を重視し、担当者が変わっても組織として引き継いでいく。これは、有機農業が農政の柱のひとつとされているからである。

④有機農業推進法では言及されていない、地域資源の有効活用を強く意識している。

⑤担当者が地元資本のスーパーに有機農産物の取り扱いを打診するなど、販路拡大にも積極

的に取り組む。実際、県内の法人や農家と三スーパーで商談が成立し、試食販売が始まった。

なお、最新データによれば、耕地面積に占める有機JASほ場面積の割合は、畑で1・68%で全国1位、田+畑では0・42%で8位（1位は鹿児島県で0・72%、いずれも2018年度）、有機JAS認証を取得していない有機農家数の推計割合は0・89%で全国1位（10年度）である。いうまでもなく、有機JAS認証を取得していない有機農家を加えれば、実質的に有機農業を行っているとみられるほ場面積の割合は、より高くなる。

ただし、島根県が2020年に策定した『島根県農林水産基本計画』では、ややトーンが異なっている。たとえば、以下の部分だ（44ページ）。

「これまでの進め方の課題

○島根県の有機農業割合は長年全国トップクラスでしたが、有機農業全体の面積がピーク時（平成27年）から約5%減少するなど、近年停滞しています。

○この根底には、県内の有機農業に大きく「豊かな自然環境や地域農業を守るための取組（生き方としての有機農業）」と「市場を意識し、農業経営を発展させるための取組（産業としての有機農業）」の2つの方向が入り交じる中で、県として、方針を明確にした施策が打ち出せなかったことにあります」

そして、「3今後の進め方のポイント」（45ページ）には、「生き方としての有機農業」への言及がない。「有機JAS認証取得の促進」が前面に出てきている。

早急な判断は下せないが、これまでの優れた特徴が後退しないことを祈りたい。

三　有機農業の担い手を農林大学校で育てる

県庁、農林大学校、農業技術センターの関係者は、「新規就農者の多くは有機農業を志向している」と口をそろえて語る。こうして、担い手育成のために「島根オーガニックアカデミー構想」が２００９年度に検討され、その中核に農林大学校における2年間の養成コース（有機農業専攻）と社会人向け研修コースが誕生した(3)。

とはいえ、有機農業の技術を平準化して指導するのは容易ではない。そこで、２０１４年３月まで教員を務めた浜崎修司が述べているように(4)、先進的な有機農家・法人をサテライト校と呼び、講義に招き、体験実習で協力を受けている。浜崎自身はもともと農業改良普及員だったが、04年に研究部門への異動を希望し、当時の有機農業技術を研究してきた。そうした意欲ある職員を有機農業専攻の教員としているのだ。こうした人事配置は、県庁内で有機農業がきちんと理解されていることを物語っていると言えるだろう。当然ながら、前述の暮らし型有機農業と産業型有機農業の双方を重要な形態としている。

また、社会人向けの研修コース（有機農業実践研修）は２０１４年度から定員を10名にしぼり、期間を約半年（週一回）に延長した。基礎コースと実践コースに分かれている。対象は、前者は

U・Iターンを含む新規就農者、後者は栽培技術の向上や面積・品目の拡大を目指す農家。いずれも、有機農業専攻の講義や実習に参加できる。

農林大学校が有機農業を進める意義については浜崎が的確にまとめている。ここでは、とくに二点を指摘しておきたい。

ひとつは、「県機関であるがゆえに、考え方や進め方は『中立的』でなければならない」としたうえで、「環境破壊的な資材投入型農業をすすめることは県民に理解されない」と述べていることだ。これは、「環境破壊的な資材投入型農業」が中立的ではないという意識が県民に一定程度浸透しているからこその認識である。島根県では「環境農業」の推進に県民の理解を得るために2007年度から、消費者・農業者・消費者団体や企業などが「環境を守る宣言」を行っている[5]。2000年にスタートさせた「島根県エコロジー農産物推奨制度」以来の取り組みの積み重ねがうかがい知れる。

もうひとつは、「公務員の使命として、地域振興の視点」を挙げていることだ。有機農業は、農業政策としてのみならず、地域づくりの重要な施策とされている。過疎化と高齢化がいち早く進んだ島根県では最近、複数の町村で若者の田園回帰の動きが顕著である。旧弥栄村や旧柿木村に典型的なように、そのかなりの部分が有機農業を志向している[6]。

有機農業専攻の1期生は実家での就農が1名、農業法人への就職が3名、2期生は実家での就農が1名、農業法人への就職が2名だ。1期生のうち2名を簡単に紹介しよう。

森脇健斗（１９９０年生まれ）は高校卒業後、社会人経験を経て21歳で入学。実家は慣行農家で、米と特産の西条柿を作っている。有機農業専攻を選んだのは、祖父や父の健康に農薬の影響があると看護師の姉が言っていたことと、東日本大震災をきっかけに自給の大切さを感じたこと。就農後はトマトやナスがメインで、柿にも挑戦している。農薬も化学肥料も一切使っていない。収量も販路も課題は山積しているものの、地元スーパーや保育所への販売に意欲的に取り組んだ。

実習先の農業生産法人に就職した菅田理穂（１９９４年生まれ）は非農家出身。食品偽装や弟のアトピーから食への関心が芽生え、有機農業専攻を選んだ。「播種から始めて、米が実ったときの達成感が強くあります」と言い、毎日がとても楽しそう。将来の独立は未定だが、地元で農業をやり続けたいと思っている。(7)

彼ら・彼女らは、ごく普通の若者である。たとえば金子美登の霜里農場（埼玉県小川町）の研修生や日本農業経営大学校の有機農業志望の学生のように、社会問題や環境破壊に対する知識や鋭敏な問題意識をもっているわけではない。そうしたどこにでもいる若者たちが優れたカリキュラムと先進農家・法人での体験を経て育っていく意義は非常に大きい。調査過程では、「他の専攻の生徒より真剣だ」という声も聞こえてきた。

四　自給をベースにした有機農業

暮らし型・自給型有機農業は、島根県全域で盛んである。もっとも、それは島根県に特有な現象ではない。日本の多くの中山間地域に共通している。ただし、そのおもな担い手たちである高齢者の大半は、自らが有機農業を行っているとは認識していない。だから、アンケート調査では捕捉されない。相川陽一は3年半にわたる旧弥栄村(以下、弥栄)を中心とする常駐型フィールドワークをとおして、里山の資源である落ち葉や刈り草を活用するこうした自給的農業を「ふだんぎの有機農業」と呼んだ[(8)]。きわめて適切な表現である。相川はこう述べている。

「山村地域の10ａ規模程度の小さな自給畑で耕作を行う農家には、自身の行為を有機農業と特別に意識しないが、地域循環型の生産方式や顔の見える食べ手との農産物のやり取りといった有機農業の要素を多分に含んだ農を営む人びとがいる。山村地域の伝統的な自給的農業のもつ有機農業的な要素が発現された農業形態[(9)]」

「ここにも、ここにも、えっと(たくさんの)草がある。刈った草は無駄にせんこお(しないで)、草かきで集めて、畑に置くんよ。枯れた草がええ。今年植えんのなら、畑の上に乗せときゃあ、土が軽うなる[(10)]」

そして弥栄では、若手の暮らし型・自給型有機農業者と産業型・経営型有機農業者(プラス島根県エコロジー栽培農家)が地域づくりの有力メンバーとして、協力し合っている。後者は20

〜40棟のビニールハウスで通年、葉物を中心に栽培する。有機JAS認証を取得し、おもに首都圏・近畿圏のスーパーや生協へ出荷する。同時に、地元スーパーや最近始まった地元の小さな市(いち)での販売にも熱心だ。彼らが前者(地元女性や半農半X志向のIターン者を)をパート雇用するケースも少なくない。一般に半農半XのXは農業以外だが、ここではXもまた農業なのだ。そこでの経験は自給農の技にも反映される。

こうした状況も受けて弥栄の行政も、後継者の生計が成り立つ産業型農業と自給と手仕事を大切にする暮らし型農業を両輪とするようになった。彼らが作成したパンフレットでは、有機農業についてこう説明されている。

「人と人、人と自然のつながりのなかで、自給を基本に安全でおいしいたべものをつくり、暮らしと生業(なりわい)が両立する、農業本来の姿が有機農業です。豊かな自然と人のつながりが残る山村だからこそ、有機農業は活かされるのです」

これを受けて、「たべものの自給」⇓「人と土の健康」⇓「生業なりわい」⇓「有機的つながり」⇓「自然との共生」というプロセスのもとに、有機農業の意義が説明されている。

自給をベースにした有機農業が非常に盛んな地域のひとつが旧柿木村だ。1970年代なかばから村役場で有機農業行政を担い、現在はNPOで移住を希望する若者たちのよき相談相手となっている福原圧史の論稿は、その軌跡を簡潔に描き出している。福原は「有機農業で新規就農を希望するIターン者が増えている」と述べるが、そのほとんどは暮らし型・自給型だ。

引用されている20代の夫婦のメッセージは、ぼくが旧柿木村でインタビューした20代から40代に共通している。彼ら・彼女らは、たとえばこう話した。

「ど田舎に行きたかった。大事なのは地域内循環。エネルギーや肥料は人力と動物でまかなえる範囲にしたい。自給中心の世の中が環境問題を解決すると思う」

「畑でできているもので自分のからだが構成されているのは、けっこうすごいと思う。自給率はいま80％」

ただし、外部との関係を閉ざした自給自足を目指しているわけではない。「集落の景観維持や担い手になることも考えている」「自給だけを目的とすると外とのつながりが少なくなる。生産グループに入っています」とも語っている。[11]

吉賀町では特別なIターン者誘致政策を行っていないが、Iターン者が人口の5％を占めた年もある。それは、暮らし型・自給型有機農業を志向する若者たちが福原らの姿勢に惹かれて自然と集まってくるからだ。それを後押しするのが島根県の半農半X支援事業（就農前研修費助成と定住定着助成）や総務省の地域おこし協力隊制度である。[12]

（1）島根県西部を流れ、日本海に注ぐ。全国の一級河川を対象とした水質ランキングで2013年まで4年連続トップで、たとえば旧柿木村住民の誇りでもある。

（2）栗原一郎ほか「島根県における有機農業推進施策の状況と有機農業技術開発」『有機農業研究』第3巻第

1号、2011年、61～62ページ。
(3) 塩治隆彦「島根県の有機農業推進施策」井口隆史・桝潟俊子編著『地域自給のネットワーク』コモンズ、2013年、188～190ページ。
(4) 浜崎修司「島根県立農林大学校有機農業専攻の内容と意義」『有機農業研究』第7巻第1号、2015年、15～17ページ。
(5) 環境農業は島根県の造語で、「人と環境にやさしい農業の展開を経済活動と両立させながら県民全体で取り組む循環型農業」を意味する。前掲(3)176～177ページ。
(6) 大江正章『地域に希望あり――まち・ひと・仕事を創る』岩波新書、2015年、40～57ページ。
(7) 前掲(6)、61ページ。
(8) 相川陽一「地域資源を活かした山村農業」前掲『地域自給のネットワーク』82ページ、108～119ページ。
(9) 前掲(8)、108ページ。
(10) 前掲(8)、111ページ。
(11) 前掲(6)、56ページ。
(12) 都市地域から過疎地域や山村などに移住し(住民票の移動が必要)、市町村長から委嘱されて地域協力活動を行う者に対して、人件費や活動費(最大年間400万円)を地方交付税によって支援する制度。2009年度に導入され、19年度は1071自治体で5349名が活動した。「平成29年度地域おこし協力隊の定住状況等に係る調査結果」によれば、任期終了後も63%が活動した市町村ないし近隣市町村に定住している。

2 多面的な有機農業の展開――埼玉県を事例に

埼玉県は有機農業が盛んな地域である。また、東京近郊という地理的条件を反映して、有機農産物の購入にとどまらない、生産者と農に関心をもつ人びととの親密な交流が続いている。本稿で重視したのは、有機農業経営を確立している専業農家に加えて、有機農業教育、障がい者と農との連携、子どもからおとなまでの農業体験である。

埼玉県内には、日本で二番目に有機農業専攻を設けた埼玉県農業大学校が存在する。また、地域に根差した福祉農園や農村・田舎暮らし体験塾もある。こうした多様なアクターを通じて、有機農業の現状と課題、地域への広げ方について考えていく。それをとおして、有機農業の幅広い存在意義と役割が明らかになるであろう。

一 埼玉県の農業の変貌と現在

埼玉県は高度経済成長期に、東京に近い南部を中心として人口が急増する。とくに、1965~70年は85万人、70~75年は95万人も増えた。その結果、60年の243万人が2015年にいる。

は727万人とほぼ3倍になった。これは、同時期の神奈川県の2・6倍増を相当に上回って

　これにともない、農業の姿も大きく変貌する。かつては穀物生産が盛んで、1960年には農業産出額617億円のうち、米が38・1％、麦が18・3％を占めていた。当時は典型的な米麦二毛作地帯だったのだ。しかし、両者の比率は70年には23・7％と2・9％に大きく減少する(70年の農業産出額は1496億円)。それに対して野菜は11・9％から27・2％に急増し、生産額は5・6倍になった。この間は農業基本法の方針である選択的拡大によって、畜産の比率も15・4％から25・6％に伸びている。

　その後も、米と麦の比率は80年代に麦が一時的にやや増えたもののほぼ一貫して減り続け、畜産も82年をピークに減少した。なお、農業産出額がもっとも多かったのは77年の2875億円で、21世紀に入ってからは1900億〜2000億円台である[1]。

　最近のデータ(2015年)では、農業産出額は1987億円で、野菜50・5％、米17・8％、畜産15・6％、花き8・8％、果実3・5％、麦0・6％だ。野菜では里芋と小松菜が全国1位、ねぎ、ほうれん草、かぶが全国2位。花きではゆりとパンジーが全国1位である。また、総農家数は約6万4000戸(全国8位)で、専業農家が19・4％と比較的多い。自給的農家は約2万7000戸(全国8位)で43％を占める。地域別にみると、南部と中央部が野菜・花き、西部が野菜・茶、東部が米、北部が米・野菜、秩父が観光農業となっている。食料自給率は11％と

高くない。[2]

また、都市近郊という条件から直売所や市民農園が盛んである。2013年の有人直売所数は272カ所、販売金額は248億円で、1995年と比較すると、80カ所(1・4倍)、143億円(2・4倍)も増えている。[3] 数が多いのは人口集積地域だが、売り上げは幹線道路沿いが多い。市民農園数は220カ所、80・2haで、越谷市や深谷市に多い。東京都と比べると数は半分だが、面積は1・2倍だ。[4] なお、農業体験農園は少ない。

2015年度の新規就農者数は286人で、20年度に330人に増やすことを県は目標としている。[5]「魅力いっぱい！埼玉農業！」と題した県のHPで「農業参入する、新規就農する上での魅力」としてアピールしているのは、以下の四点だ。

①巨大なマーケット(大消費地の存在)、②充実した交通網(全国向け販売)、③多彩な農業(水田・畑作)、④快晴日数全国1(農業に適した気候)[6]。はたして、これが新規参入者に響くだろうか。やや疑問ではある。

すでに述べたように、「新・農業人フェア」におけるアンケート調査では、非農家出身の新規就農希望者の93%が有機農業志向である。ある調査では、新規就農者の26・7%が実際に有機農業に取り組んでいる[7](17ページ参照)。埼玉県農業大学校では2015年度から有機農業専攻が設けられたが、行政は有機農業についてどう考えているのだろうか。

二　有機１００倍運動と有機農業

埼玉県では１９９７年度から２０１１年度まで、県民運動として「彩の国有機１００倍運動」が取り組まれた。ネーミングの妙から一時は話題になったのを記憶している。09年度には「有機１００倍運動タウンフォーラム」も開かれた。

ただし、タイトルには「有機」とあるが、内容は「２０１１年度までに農薬と化学肥料を１９９５年度に比べて50％削減する」ことを目標としている。実際には、環境保全型農業（特別栽培農産物）の推進である。ところが、08年12月に農林部が定めた「彩の国有機１００倍運動推進計画」では冒頭で、「この計画は有機農業の推進に関する法律第7条第1項で規定する『有機農業推進計画』として定める」と述べられている。(8) 多くの自治体と同様に、有機農業と環境保全型農業の違いが認識されていない。たとえば、埼玉県に先んじて農林大学校に「有機農業専攻」を設けた島根県とは大きく異なる。[1]で述べたように、島根県では「島根総合発展計画」において、当初から「環境保全型農業の延長上に有機農業があるのではない」としたうえで、有機農業の課題や解決方向を検討するべく施策を打ち出している。(9)

また、「彩の国有機１００倍運動推進対策要綱」には、「有機農業」という用語は一度も出てこない。「有機農産物」という用語もＪＡＳ法の文脈で一回登場するだけだ。「第一目的」は、前述の50％削減とともに「環境にやさしい農業の実現」という曖昧な表現である。有機農業推進計画において環境保全型農業も有機農業とみなしている都府県があることは事実だが、それは本来のあり方ではない。「有機」を推進する要綱にしては不十分と言わざるをえない。

「彩の国有機１００倍運動推進計画」によれば、２００７年度と１９９５年度を比べると、化学肥料は58・55％削減されて目標を達成したが、化学農薬は26・3％の削減にとどまっている。しかも、96年度からの6年間で化学農薬の使用量は21・9ポイント減少したが、01年度からの7年間では8・2ポイントの減少と、削減率が大幅に低下した。[10] なお、化学農薬の使用量はその後減っていったが、化学肥料の使用量は08年度を底として逆に増えている。[11]

２０１２年度以降、「有機１００倍」という表現は県の行政文書から消えた。14年12月に定められたのは「埼玉県エコ農業推進戦略」である。そこでは、国と同じく有機農業はエコ農業の一環とされている。その推進方向と施策として挙げられているのは、農業者に対する支援、新規就農者（農法転換を含む）に対する支援、エコ農業を推進する人材育成・支援、エコ農業の技術開発と普及、エコ農業により生産される農産物の流通・販売の支援などだ。このいずれにおいても、有機農業に関する支援は、エコ農業の次ではあるが、独立した項目とされている。名称としては後退したものの、中身においては前進したと言ってよい。

この「戦略」と有機農業推進担当への聞き取りによれば、埼玉県が把握している有機農業の推移と現状は以下のとおりである。

①環境保全型農業直接支援対策の取組実績

2012年度＝75・8ha、15年度＝117・9ha、17年度＝145・5ha。
＊2015年度から1作ごとの対象に変わったので、見かけの面積が増えている。
②有機JAS認証（有機農産物の生産工程管理者）
2010年＝11人、28・8ha、13年＝12人、39・6ha、17年＝14人、52・1ha。

一方、MOA自然農法文化事業団が行った有機農家の推計値は219戸で、全国12位だ（2010年）。農家数に占める割合は0・28％で、全国平均と同じである[12]。

なお、これらの数字だけが有機農業の現状ではない。小川町やときがわ町を中心とした新規就農者には、いわゆる半農半Xも多い。中山間地域の高齢者には、相川陽一が現地調査に基づいて把握・提起した「ふだんぎの有機農業」の実践者が少なくない。これらは、統計にはなかなか反映されない。

埼玉県の有機農業では次節に述べる小川町（比企郡）が著名だが、北部から東京都に隣接する南部まで県内各地に有力な生産者が点在している。たとえば、日本有機農業研究会の幹部としても長く活躍している並木芳雄（和光市、野菜）、固定種・無肥料自然栽培の明石農園（三芳町、野菜）、元JVC（日本国際ボランティアセンター）スタッフが営むガバレ農場（鴻巣市、野菜・卵・米、ガバレはエチオピア語で「百姓」という意味）などだ。農業体験スクールも行う明石誠一は、HPでこう述べている。

「農業では、微生物の多様性が鍵になります。多様な微生物が過ごしやすい複雑な環境であることが、とっても大事なんです。自然から教えてもらったことを、『あかし野菜』という共育のタネとして、皆さんにお届けすることが、僕の使命です[13]」

ただし、それらの関係は必ずしも緊密ではないようだ。もちろん、有機農業者のネットワークとして埼玉県有機農業研究会が存在する。だが、ぼくは数年前、長く野菜の有機栽培に取り組み生協に出荷している熱心な生産者から、「埼玉県有機農業研究会の人たちとは付き合いがほとんどない」と聞いて驚いた経験がある。

三　多様な広がりをもつ小川町の有機農業

小川町（43ページなど参照）では、有機農業が新規就農者を中心に町内へ広がり、Ⅰで述べたように、周辺地域の地場産業との深いつながりも生まれている。自然エネルギーに関連する活動も活発である。小川町の有機農業の全容を含めて、詳しくは小口広太氏（千葉商科大学）の論文[14]やぼくの著作[15]を参照されたい。

小川町役場の資料[16]では、１９８５～２０１４年の新規就農者は47名。うち34名が有機農業者で、全体の72％を占める。近年は慣行農業による新規参入者はほとんど見られず、10年前後からは毎年２～３人ずつ有機農業で新規参入している。そのうち50代までが70％近くを占め、平均年齢は51・８歳（15年12月時点）であった。就農時の平均年齢が30代後半で、若い世代の参入が際立つ。

地域農業の中核的存在である認定農業者は6名(うち法人1)で、最近増えている。埼玉県農林統計年報と小川町農業委員会農地台帳によれば、2014年の有機圃場面積は37・5haで、町内農地の13・2%にもなる。農家登録をしていない半農半Xたちを含めれば、もっと多い。全国の市町村で間違いなくトップクラスだ。

ぼくは小川町の有機農業の展開過程を次の三段階として捉えている。すなわち、金子の有機農業体系の完成が第一段階(1980年代半ばまで)、日本酒・製麺・豆腐などの地場産業への広がりと、金子のもとで有機農業を学んだ非農家出身者の町内への定着が第二段階、金子が暮らす集落の農家の有機農業への転換と企業版CSAの成立やスーパーなどへの有機野菜販売の広がりが第三段階である[17]。一方で小口は、胎動期(金子が有機農業を始めた1971年〜)、成立期(金子の研修生が初めて町内に就農した84年〜)、展開期(小川町有機農業生産グループが発足した95年〜)、充実期(金子の集落の在村農家が有機農業に転換した2006年〜)の四段階に分けている[18]。いずれにせよ、その担い手は、金子ひとりから新規就農者、地場産業者、転換参入者、NPO、スーパーなどへ広がっていった。

ぼくは2013年から、小口、桝潟俊子氏(前淑徳大学)とともに、小川町の有機農業の全体像を調査している。経営状況がある程度明らかになった25農家の概要を示しておこう(おもに小口の作成したデータ[19]に基づく。④は一部不明)。

①年齢は20代から60代と幅広く、13名が専業(林業、農業関連事業を含む)。
②経営面積は9名が1ha前後、6名が2ha以上。
③栽培品目は露地野菜が中心で、他地域に比べると小麦・大豆が多い。米の大半は自給用。
④農業所得は300万円以下11名、300万~500万円7名、500万~800万円5名。
⑤世帯主が50代以上の専業農家には、ほぼ後継者がいる。

なお、1990年代までは有機農業に関する施策をもたず、有機農業生産者を冷ややかに見ていた小川町行政も、徐々に変わってきた。いまでは有機農業の推進や新規就農者の受け入れに積極的で、担当者は熱心である。無農薬で米・小麦・大豆を作る「下里農地・水・環境保全向上対策委員会」が、農水省が行う農林水産祭むらづくり部門の2010年度天皇杯を受賞したことも、その一因だろう。農協の直売所にも、現在は有機野菜コーナーがある。

高橋知宏氏(sunfarm高橋)は1979年に埼玉県南部の朝霞市に生まれた。専門学校の建築エコロジー科に進学し、「環境を守る、人のためになる仕事をしたい」と思ったが、当初は頭に農業はなかったと語る。食品関連企業で1年間働いた後、小川町の田下農場(現・風の丘ファーム)で研修し、2003年に新規就農した。研修時から常に「一人でどうすれば、うまくやれるか」を考えていたという。

2017年現在の経営規模は、畑150a、水田10a、果樹園10a、平飼い養鶏100羽。農薬も化学肥料も、まったく使わない。小川町の新規就農者は野菜専業が多く、複合経営は珍しい。養鶏は2軒だけである。出荷先の中心は提携で約40軒、そのほかレストラン(東京都目黒区、後述する小川オーガニックフェスがきっかけ)と農協直売所で、余ればスーパー(ヤオコー)へ出荷する。14年から始めた果樹は、ブルーベリー、イチジク、ミカン、梨など。さらに、結婚した妻の意向もあり、17年からオーガニックフラワーに着手した。今後は、野菜、オーガニックフラワー(ハーブを含む)、果樹の三本柱の経営を目指すと言う。花も果樹も小川町では非常に少なく、町内・町外含めて有望と思われる。

高橋は2017年12月に埼玉大学で行われた日本有機農業学会で、小川町の有機農業の多様な取り組みを報告した[20]。以下、ぼくの補足と見解を含めて紹介する(数字は報告当時)。

①小川町有機農業生産グループ

1995年に設立。メンバーの大半は町内の有機農家で研修後に独立している。現在は約70名で、自給的農業者や近隣市町在住者も含む。小川町出身者は3名。高橋が会長を務める。強制力のないゆるやかな団体で、細かい参加条件はない。以前はほぼ定期的に勉強会を行っていたが、最近は交流や親睦が中心だ。

②地元スーパーへの共同出荷

首都圏に約140店舗を有するヤオコーが2011年から隣接する嵐山町の店舗で取り扱いを始め、13年6月から小川町のニュータウン近くの店舗でも始まった。小さな地元野菜コーナーが設けられ、有機野菜と一般野菜に分かれている。当初は有機野菜の認知度が低く苦戦したそうだが、徐々に品目の多さや美味しさが浸透し、売り上げが伸びていく。現在は住民の要望があって4店舗に広がり、約25名が出荷している。価格は一般野菜の1・2倍程度だ。

出荷に際しては、各自が風の丘ファームが所有する保冷庫まで運び、曜日ごとの担当者が開店前に持ち込む。棚が空き気味のときは担当者からメーリングリストで連絡がいき、対応できるメンバーが追加する。旬の野菜には、生産者名や「野菜づくりは土づくり　農薬・化学肥料は使用しておりません」といったシールが貼られている。売れ残りは翌朝に担当者が引き取り、前述の保冷庫に戻す。

③小川町有機農業推進協議会

2008年度から2年間続いた有機農業モデルタウン事業の受け皿として設立された。モデルタウン事業の廃止後も、技術講習会、先進地視察、水田除草の実証圃の設置など、有機農業の生産力を強化する取り組みを行っている。なかでも、橋本力男氏(堆肥・育土研究所代表)による健康な土づくりと、土壌の特性や作物に合わせた多様な材料からなる堆肥づくりは、技術面に悩む有機農家にとって大いに役立つ。また、有機農業フォーラムや新農業人フェアにおける就農相談への参加など、有機農業者の育成も行っている。有機農業生産グループの初期の活動を担っていると言ってもよいだろう。

④小川町農村地域活性化推進協議会

落ち葉掃きのできる里山を整備し、その落ち葉を使用した有機肥料で育てた野菜をブランド化する。2015年度から活動してきた「小川町の農業の未来を考える会」がベースになり、町行政も関与して新たな事業が始まった。農水省の農村集落活性化支援事業交付金を受けている。今後、地域由来の有機資源を活用した農産物の情報発信にも力を入れていくという。里山整備→資源循環→有機農産物の体系化は、おおいに意味がある。

⑤小川町元気な農業(おがわ型農業)応援計画

地域の資源を活用した農家を応援する町行政のプロジェクト(OGAWAN Project)。「小川町の資源を活用している農業」「化学的に合成された肥料及び農薬を使用しない有機農業」などに取り組む農家を「おがわ型農業」とする。その生産者が自らの創意工夫や努力を「宣言」し、町が「宣言を認定」する。いわば、人の認証だ。そして、小川町の里山をイメージしたロゴをつくり、「おがわんネイチャー宣言農産物」とする。認証の客観性やブランド化に走りすぎていないかなど課題は残るが、行政が有機農業支援に乗り出したことは一歩前進と言える。

⑥学校給食への取り組み

2016年度から、小学校6校、中学校3校(合計1日2000食)の給食へ有機野菜の導入が始まる。16年度は6月、11月、1月の年三回。各時期の旬の野菜を出荷した。当初は各生産者が給食センターへ出荷していた。その後は月二回の入札があり、農協の直売所経由で通年出荷している。直売所の保冷庫へ集め、配送は農協職員が行う。子どもたちからは「美味しい」と高く評価されている。給食センター側は拡大したい意向があるが、供給が追いついていないという。

⑦小川町オーガニックフェス

オーガニックと音楽の祭典。地元、近隣市町村、都市部と幅広い範囲をターゲットに、2013年から行われている。食・音楽・環境をとおして五感でオーガニックを体験してもらう。提供される食材は100%オーガニック(有機農産物)。有機農業に関心がない人たちへの認知を目的に敷居を低くしているというが、年々イベント色・音楽色が強まっている。

四　農業大学校有機農業専攻を卒業し、有機農業の担い手に

埼玉県農業大学校は2015年度から有機農業専攻(1年)を設けた。全国で二番目である。その2期生が田島友里子氏(1986年生まれ)だ。三重県のサラリーマン家庭に生まれた田島は小さいころから自然が好きで、自給自足に憧れ、農業がやりたかった。それは、兼業農家だった祖父母の暮らしが原体験にあったからだと言う。

「祖父母のお米や野菜を食べるのが当たり前の生活でした」

一方で、美術も好きだったので大学はデザイン学科に進み、大学院では芸術教育を専攻。同時に、愛知県の自然農の農家で週3回、3カ月の研修を受けた。在学中、愛知県の高校で美術の教員を務めるかたわら、農業への想いが募り、30歳になったときに就農しようと決めた。一

種の孫ターンである。そして、農業で生きていくためには普通の農業の現場を知っておく必要があると考え、北海道新得町で1年間研修し、大樹(たいき)町の農業生産法人(慣行農業、野菜)に就職する。27歳になっていた。

「働きながら、日本の農業はこれからやっていけるのかと疑問に思いました。肥料も農薬も輸入に依存し、近くの酪農家は乳価を自分で決められません」

慣行農業の実態を体験したことで、有機農業への確信が強まる。当初は北海道での就農を視野に入れていたが、結婚相手が国家公務員で、東京への転勤が決まる。彼の実家が、さいたま市だった。

埼玉県には、農業大学校卒業程度のレベルの研修を修了した新規参入希望者に対し、実践研修・農地確保・資金相談などを行い、市町村や農協など関係機関が一体となって就農を支援する「明日の農業担い手育成塾」がある(２０１０年度に設置)。そこで、まず農業大学校へ進学することにした。そこに有機農業専攻があったのは、田島にとって最高の幸運である。

「本当によかったです。実際に独立して農家としてやられている方々のお話や圃場見学は、とても参考になりました。とくに、就農したての先輩の言葉が入ってきやすかったですね。金子美登さんからは、生き方としての農や精神的な部分を学びました。とにかく、豪華な講師陣です」

２０１７年３月の卒業後は育成塾に入り、農業大学校時代に知り合った農家の縁でさいたまのだ。こうして、有機農業の新たな担い手が公的機関から誕生したのだ。なお、有機農業専攻の学生が育てた有機野菜は、毎週土曜日に深谷市にある埼玉県農林公園の直売所で販売される。

田島は埼玉県民の鳥シラコバトに由来する「こばと農園」と名付け、現在の経営規模は畑30a弱と育苗用ハウス1棟。約30品目の野菜を作り、農協やショッピングセンター内の直売所、個人営業のパン屋、イベントなどで販売する。市場出荷は行っていない。17年度の売り上げは約60万円だ。もちろん、これでは生活できず、夫の収入があるから暮らしは成り立っている。とはいえ、子育てしながら一人の労働力という点を考えれば、1年目としては及第点だろう。

「技術面は課題だらけですし、苦労に見合う収益はあげられていません。でも、数年は勉強の期間と思っています。続けていく自信はありますよ、だって、この仕事が好きだから。大手スーパーなどにも有機野菜が増えているし、原発事故の影響で若い人の意識が変わってきているると感じます。私のまわりをみると、新規で農業を始める人は圧倒的に有機農業が多いです」

いまは半農半子育てだが、田島には将来に向けた明確なプランがある。3haまで畑を広げ、8年後の40歳(2026年)で地域密着型農業法人を設立するのだ。そして、露地野菜を中量中品目で栽培し、雇用を生み出す。そうした未来に向けて、農協へ加入した。有機農業者だけで固まると地域で浮いてしまうし、慣行農業者とのつながりも大事にしていこうと思っている。

「私は経営者になりたい。こじんまりやれば自分の幸せ度は高いでしょうが、地域や社会への貢献度を大切にしたいからです。地域の人が消費者になり、地域の人と一緒に働きたい。この地域に直売所もつくりたいです」

有機農業の新規参入者で、法人志向は珍しい。田島は売り上げ増のためではなく、地域に欠かせない存在になるために、規模を拡大しようとしている。社会的企業としての有機農業法人である。そうした存在は今後、確実に求められていく。しかも、横浜市や東京23区を含めて、都市農業は元気で後継者も多いが、有機農業者は非常に少ない。ニーズは十二分にある。見沼の農的景観を生かした農業体験農園も考えられる。こばと農園には、環境と調和した持続的発展が期待できる。

五　開発から排除される存在としての障がい者と農業

文化人類学者でもある猪瀬浩平氏は自らが中心のひとりとして関わる見沼田んぼ福祉農園（さいたま市見沼区）を切り口に、都市化によって排除される障がい者と、周辺化・単作化された農業について、本質的な問題提起をしてきた[21]。見沼田んぼは東京都心から20～30㎞圏内に位置する、１２６０haの広大な緑地空間で、見渡すかぎり水田が広がる地域もある。１９５８年に首都圏を直撃した狩野川（かのがわ）台風の際に遊水地として機能し、東京の水害を軽減したことから、埼玉県は65年に、原則として緑地として保全する行政指針を出す。以後、開発の波に翻弄されながらも維持されてきた。その間、水田は大きく減少する一方で、公園が増えている。

1980～90年代の廃棄物不法投棄の増加を受けて埼玉県は95年、農的緑地空間としての土地利用を図るために、「見沼田圃の保全・活用・創造の基本方針」を出した。そこでは、開発規制の代償として公有地基金の設置、農家が耕作できなくなった農地の買い取り・借り受けなどが定められ、その一環として見沼田んぼ福祉農園が99年に開園した。そのきっかけは、浩平の父で農園代表となる猪瀬良一氏と埼玉県庁担当者との人的付き合いである。

1980年代に小松光一氏(千葉県農業大学校)らと、「いのちの祭り」[22]など新たなタイプの農業運動の一翼を担った良一は、知的障害のある長男良太(浩平の兄)の将来を考えていたのだろう。ただし、行政がもともと福祉農園を目指していたわけだはない。農園の担当は、総合政策部土地政策課(現・土地水政策課)である。関東地方の開発と、治水を根拠とする保全政策とのせめぎ合いのなかで生まれた農園だ[23]。

廃棄物の不法投棄をもたらしたのは、農村の生活と生業の体系を支えていた資源循環の崩壊である。同時に、近代農業(農業基本法)のもとで効率的な生産を行えない者は、「障がい者」や「高齢者」として排除されていく。見沼田んぼ福祉農園は彼ら・彼女らを排除せず、効率的とは言い難い「小さな生産」を行い、地域住民やロータリークラブなどを巻き込み、商店街の一角で野菜を販売している。同時に、農園はさまざまな人たちの居場所でもある。

ぼくは、そうしたひとりのOさん[24]と農園で会ったことがある。「主に草むしりと販売のお手伝いをしていて、楽しいです」と言い、訪ねた約10人を前に、わざわざ文章を用意して、自らの想いを語ってくれた。

ところで、日本有機農業学会のセッション(１１１ページ参照)で印象的だったやりとりがある。猪瀬は、埼玉県農業大学校の平塚靖永に対して「有機農業を学ぶコースができたのであれば、農業大学校で障がいのある人もない人も共に学べるようにしてほしい。うちの兄貴は入学できますかね」と尋ね、平塚は「試験がありますから難しい」と答えた。公務員として、当たり前の答えである。筆者はそれを十分に認識しつつ、障がいのある人も共に学べるような方策を考えることが、言い換えれば不可能な道をどう切り開くかが、有機農業(本来の農)の精神ではないかと考える。

ぼくが共同代表を務めるＮＰＯ法人アジア太平洋資料センター(ＰＡＲＣ)は１９９９年、ＰＰ21(ピープルズ・プラン21)という国際民衆行動を行った。日本各地で、農業、女性、先住民、労働問題などに関して活発な論議を繰り広げ、モノとカネで動く社会から民衆の決定権を取り戻すことを訴える水俣宣言がまとめられる。その中心を担った花崎皋平氏は、「多国籍企業のグローバルな開発行為に応じたトランスナショナルな権利が必要ではないかというメッセージが含まれている」と総括している[25]。

このとき、タイ東北部イサーン地方の農民運動リーダーであるバムルン・カヨターは、有機農業を途上国の農業者に教える栃木県のアジア学院で、一年弱の研修に参加していた。やはり

ＰＰ21の中心メンバーだった菅野芳秀氏（置賜百姓交流会）は、アジア学院に彼の参加を依頼する。だが、決められた研修内容があり、彼だけを外部に出すのは組織としては難しい。断るのが当然だ。それでも、アジア学院はＰＰ21の趣旨を理解し、特別参加を認めた。それがきっかけとなり、アジア学院では毎年、置賜百姓交流会が活動する地域の視察を研修内容に入れている。[26] 交流が長く継続しているのだ。

もし猪瀬の兄が埼玉県農業大学校で学べば、多くの学生たちは彼の行動にときには戸惑いつつ、黙々と耕し、播種し、草取りをする姿に、感じるものがあるだろう。そして、共に農作業するにちがいない。それこそが農福連携の真の姿ではないだろうか。公的機関である県立農業大学校と民間機関であるアジア学院という違いはある。だが、猪瀬の兄のような存在を受け入れれば、県立農業大学校と見沼田んぼ福祉農園には、アジア学院が続ける置賜百姓交流会との研修・交流と同様な好ましい関係が形成されていくだろう。それは、公を共（コモンズ）に開いていくことであり（74ページ参照）、近代農業から生業と生活を取り戻すことである。

六　有機農業とグリーンツーリズム

萩原知美氏（ファーム in さぎ山）の約２haの農園までは、埼玉県庁からわずか30分だ。見沼田んぼにほど近い。懐かしい趣きのこの農園で萩原は20数年間、無農薬・無化学肥料で野菜を育てきた。萩原家は10代以上続く農家だが、もともと植木がメイン。バブルがはじけて植木が売れなくなり、野菜に転換したという[27]。野菜は、提携する消費者約60軒、さいたま市内の小・中学校8校の給食、県内のレストラン4店舗に出荷している。あわせて、1997年から1カ月に1回(3～12月)農業体験を行う「かあちゃん塾」を開き、99年には野菜を美味しく調理する農家レストラン野趣料理諏訪野(予約制)も開いた[28]。

農業体験には、米づくり、野菜づくり、農村生活体験の三つの柱がある。野菜づくりは一区画30㎡。落ち葉を集めてボカシ肥をつくり、年間15種類を栽培する。農村生活体験では、郷土料理の伝承を重視している。味噌、干し柿、竹箸などをつくるほか、新米はワラや薪で炊いて、みんなで食べる。デイキャンプや昆虫採集も行う。若い親たちにとっても、初めての貴重な体験である。

かあちゃん塾が伝えるのは、農業や食の安全・安心だけではない。教育、生きがいとしての福祉、環境問題を重視してきた。さらに最近では、農作業や農村風景にともなう癒し、新鮮で美味しい野菜を食べることによる予防医学、グリーンツーリズム、居場所づくりを意識している。居場所づくりについては、埼玉県警から、いわゆる「やんちゃな子」を受け入れてくれと頼まれたのがきっかけだ。彼らはよく働き、感謝して食べることが身についたという。以来、立ち直りを支援する活動にも熱心である。萩原は、こう語る。

「自然の中に無駄なものは一切ありません。自然や農業に触れることが少ない今の子どもたちに、食べ物は自然の恵みでできているという、当たり前のことを知ってもらいたい。農業は命を育む作業。農業を体験することで、命の喜びを知り、いろんなことを考えるきっかけになればいいですね[29]」

ファームinさぎ山のネットワークは、地域住民はじめ小・中学校、福祉団体、環境団体、子育て支援団体、行政、企業、藝術関連などきわめて幅広い。もちろん、そのベースは農のある暮らしだ。こうして萩原は、地域をみつめ直し、地域の宝を発見して、発信している。

「百姓とは、あるがままに自然に生かされ、自然に感謝し、自分らしく生きること。経済優先ではない価値観を大切にし、ほっとする場をつくっていきたいと思います」

都市近郊であれ地方の農山村であれ、グリーンツーリズムへのニーズはますます高まり、追い風が吹いている。政府の「まち・ひと・しごと創生基本方針2017」で「古民家等の活用」や「滞在型観光」が掲げられ、体験学習をともなう教育旅行における宿泊体験は、旅館業法の適用除外になった。

農業体験は一般的に、機械を利用した近代農業ではなく、手作業を重視した伝統的農業で行われる。当然、有機農業の出番だ。プログラムに草取りはあるが、農薬散布は決して行われない。しかも、若い有機農業者たちは、生産者と地域・消費者を結び、有機農業の魅力を発信する場の創出に強い関心をもつ[30]。ただし、現状においては有機農業陣営からの意識的取り組みが多いとは言えない。学校や市町村行政を巻き込んだ活動の広がりを期待したい。

七　有機農業の多様性と地域づくり

専業農家であるsunfarm高橋、これから農業法人を目指すこばと農園、地域農業と福祉の周辺化を根本から問う見沼田んぼ福祉農園、都市近郊でグリーンツーリズムと農業生産を両立させてきたファームinさぎ山。四者のスタイルはそれぞれ異なる。だが、農薬と化学肥料を使わないだけでなく、いずれも地域との密接な有機的関係を築き上げていることが特徴である。

これから有機（オーガニック）農業が人びとに支持を得ていくために、そして農の存在が受け入れられていくためにもっとも重要なのは、多様なスタイルの共存と地域への広がりだ。専業もあっていいし、半農半X（兼業）もあってよい。多品種少量生産と品目限定型、草を生かす自然農法と丹念に草を取る有機農法、なるべく資材を使わないタイプと生協出荷などのために一定のビニール資材も使うタイプなど、有機農業はさまざまでよい。有機農業を地域へ広げるという共通項があれば、個人の農法や生き方を尊重したい。

小川町では、1980〜90年代前半の新規就農者は大半が専業だった。最近は、半農半Xタイプが増えている。食料生産という意味では力不足な面はあるが、地域づくりの担い手としては十分な存在感をもつ。両者は直売所やオーガニックフェスなどで協力してきた。かつての有機農業者には、自分と異なる経営・営農スタイルを批判する傾向があったが、いまの若者はおおむねそうではない。

また、小川町に隣接するときがわ町では2018年2月、新たな町長が誕生した。小川町などの有機農業者の大豆を全量、再生産可能な価格で買い上げ、小規模農家を守り育ててきた、とうふ工房わたなべの渡邉一美氏だ。田園回帰の流れもあり、ときがわ町にはすでに移住者が多い。今後、林業と有機農業に軸足を置いた新たな地域づくりが始まっていくだろう。町長のリーダーシップと「ときがわ活性会」のような新旧住民の活動の協働も想定できる。同会のポリシーは、人の意見を否定しないことと、行政に施しを求めるような発言をしないことだ。

ぼくは全国各地で、移住者(Iターン者)やUターン者、小規模自治体の首長・幹部と話す機会が多い。移住者は農業を生業として選ぶか否かにかかわらず、有機農業への親和性が高い。Uターン者はそれに刺激を受け、自らの祖父母(主に祖母)の野菜づくりを思い出して納得する。首長は移住者の有機農業志向に当初は驚き、戸惑い、生活できるのかと疑問をもつ。それでも、彼らの価値観に徐々に納得し、それが自らや親の世代のかつての暮らし方と響き合うことに思い至り、受け入れる方向に歩み出す場合が増えてきた。

埼玉県は都市農業から中山間地域農業までが共存する。四で紹介した田島のように、消費地に近いエリアで新たに有機農業を始めるケースも、これからは少なくないであろう。彼ら・彼女らは農業の担い手であり、地域づくりの担い手である。もちろん、有機農業者は専業であれ兼業であれ、技術を磨いていかなければならない。この点はまだ課題が大きい。

最後に、多様な有機農業が地域に広がるために、都市的地域・中山間地域問わず行政にも農業者にも住民にも求められる方向性を整理しておこう。

①専業農家や大規模農家だけでなく、小規模農家や半農半Xも地域の大切な存在とみなし、支援の対象とする。それは、食料・農業・農村基本法の産業政策と地域政策の併存に該当する。言い換えれば、メインとなる仕事や複数の仕事の組み合わせで現金収入を得ながら、自給的部門を大切にし、安全な食べものをつくる農の担い手でもあるような生き方を尊重する。それはまた、過度な商品経済の浸透の防波堤となり、そこそこの現金で暮らせる生活のベースを形づくる。すなわち、持続的な、本来の強い農業である。

②地域資源を生かし、それに新たな光をあて、暮らしに根ざした中小規模の複数の仕事(生業)を発展させ、さまざまな働き方を増やす。農業者自身が加工を行ってもよいし、たとえば小川町のように地場産業と連携してもよい。その際、無理に事業や規模を拡大しようとしない。身の丈に合った着実な進展、小さな成功の積み上げを大切にする。

③地元の有機農産物を利用した学校給食を地域づくりの核として位置づける。父母からは、地元の安全な食材を使用してほしいという要望が強い。さらに、多くの農業者は自らがつくった米や野菜を子どもたち・孫たちに食べてほしいと望んでいる。すでに述べた千葉県いすみ市の成果は、首長の姿勢、それを支える職員の努力、農業者・民間組織との協働があれば、学校給食の有機化は可能であることを示している。

④農山村と都市を敵対する存在と捉えない。両者は共存すべきものである。ただし、都市で

人間らしく生きるためには農の存在が不可欠である。

⑤経済と暮らし、農業（経済）と農（土台）を二項対立させない。そのうえで、自然と共生した本来の農業（＝農）に、産業型農業を埋め込んでいく。

（１）埼玉県「埼玉県の農業産出額のうつりかわり（１９６０年～２０１５年）」https://www.pref.saitama.lg.jp/a0206/kodomo/data04_nougyou.html「埼玉県のいろいろデータ」）最終アクセス２０１８年８月15日。
（２）埼玉県農林部「２０１７埼玉の食料・農林業・農山村」https://www.pref.saitama.lg.jp/a0903/agri-biz/miryoku-sainougyou.html 最終アクセス２０１８年５月５日。
（３）埼玉県農林部 https://www.pref.saitama.lg.jp/a0902/shijyo/shingikai27-1/documents/27shiryou1-2.pdf 最終アクセス２０１８年８月15日。
（４）埼玉県農林部 https://www.pref.saitama.lg.jp/a0902/shiminnouen-kaisetsu.html 最終アクセス２０１８年８月15日。
（５）埼玉県農林部農業政策課「埼玉県農林業・農山村振興ビジョン」２０１６年、40ページ。
（６）前掲（２）。
（７）全国農業会議所「新規就農者の就農実態に関する調査結果―平成28年度―」２０１７年。
（８）埼玉県農林部「彩の国有機１００倍運動推進計画（平成20～23年度）」２００８年。
（９）栗原一郎ほか「島根県における有機農業推進施策の状況と有機農業技術開発」『有機農業研究』第３巻第１号、２０１１年、61～66ページ。
（10）前掲（８）、３ページ。

(11) 埼玉県農林部「埼玉県エコ農業推進戦略(平成26年~30年度)」2014年。
(12) MOA自然農法文化事業団「平成22年度有機農業基礎データ作成事業報告書」2011年。この調査はサンプル調査であるが、埼玉県の有機農業の全国的位置を示す目安として利用した。
(13) 明石農園「ごあいさつ」http://akashiyasai.com/message 最終アクセス2018年5月6日。
(14) 小口広太「有機農業の地域的展開に関する実証的研究―埼玉県比企郡小川町を事例として―」明治大学大学院農学研究科2016年度博士学位請求論文、2017年。
(15) 大江正章『地域に希望あり――まち・ひと・仕事を創る』岩波新書、2015年、40~57ページ。
(16) 小川町「小川町元気な農業(おがわ型農業)応援計画」2017年。
(17) 前掲(15)、242ページ。
(18) 前掲(14)、35ページ。
(19) 前掲(14)、63、77ページ。
(20) 高橋知宏「小川町における有機農業の広がり」『第18回日本有機農業学会大会資料集』2017年、44ページ。
(21) たとえば、猪瀬浩平「見沼田んぼのほとりから――〈東京の果て〉を生きる」『現代思想』2015年3月臨時増刊号、228~237ページ。
(22) 1988年7月に、農業たたきに対抗するために、従来の米価値下げ反対大会に代わり、「食・農・いのち」の観点から「農業の自立と共生を考える」シンポジウム(いのちの祭り)を全国農協中央会が主催し、猪瀬良一が事務局長をつとめた。これをきっかけに、農協青年部、大地を守る会(当時)、有機農業に関心をもつ市民グループなど、それまで交流がなかった組織の連携が生まれる。関連書籍に『いのちの風 農のこころ――実力派おもしろ農民の時代』(角田市農協青年部+小松光一編著、学陽書房、1991年)があり、猪瀬も「アジアモンスーンはいのちと文化の風だ」を執筆している。
(23) 猪瀬浩平「東京の〈果て〉で/を〈分解〉する―見沼田んぼ福祉農園で考えていること―」前掲『第18回日本有機農業学会大会資料集』47ページ。
(24) 前掲(23)、50、51ページ。
(25) 花崎皋平「花崎皋平が花崎皋平を語る」ピープルズ・プラン研究所、2015年。
(26) 松尾康範『居酒屋おやじがタイで平和を考える』コモンズ、2018年、62、63ページ。
(27) 萩原知美「有機農業とグリーンツーリズム―30年の取組を振り返って―」前掲『第18回日本有機農業学会大会資料集』39〜43ページ。
(28) 中島茂信『自家菜園のあるレストラン』コモンズ、2014年、24ページ。大会の懇親会の料理はすべて萩原が提供し(日本酒とワインは小川町)。とびきり美味しかった。
(29) 埼玉県農林部 https://www.pref.saitama.lg.jp/a0902/6jika-hagiwara.html 最終アクセス2018年5月7日。
(30) 小口広太「現場からの農村学教室101若者から支持される有機農業」『日本農業新聞』2018年7月15日。

Ⅳ

田園回帰と有機農業

田園回帰という言葉は、一般の人たちにもかなり定着した。それはコロナ禍でさらに進んだようだ。2013 年 7 月以降、転入超過が続いていた東京都が転出超過に変わった。20 年 5 月は 1069 人、7 月が 2522 人の社会減である。神奈川県と愛知県も転出超過になった。

内閣府が 20 年 6 月に行った「新型コロナウイルス感染症の影響下における生活意識・行動の変化に関する調査」では、地方移住に「関心が高くなった」「やや高くなった」が 15. 0%を占めている。とくに 20 代が高く 22. 1%、東京 23 区に限れば 35. 4%と、三分の一以上だ。

こうした田園回帰と親和性が非常に高いのが有機農業である。農業に携わらなくても、大半の移住者たちが深い関心をもっている。そこに共通しているのは、自分と地域・地球の本当の幸福、真の豊かさを実現するためにはどんな生活を送ればよいかを考える姿勢である。

1 農を志す若者たち

全共闘運動の時代、青年は幸せに背を向けて、恋人や故郷と別れ、一人で荒野をめざした（ザ・フォーク・クルセダーズ『青年は荒野をめざす』１９６８年）。そして、夢破れて企業社会へと戻り、企業戦士になって、環境破壊に荷担してきた。一方、いまの若者たちは、幸せと本当の豊かさを得るために、妻や恋人とともに、新たな故郷で農業や農的生活を選び取り、子どもたちにかけがえのない地域と環境を残そうとしている。

一　若者たちの志向が変わってきた

農業は長い間、農家の長男が仮に嫌いであっても継ぐ仕事であり、そこには実質的に職業選択の自由はなかった。非農家出身者が職業として農業を選ぶケースは、ほぼ皆無だったと言ってよい。

しかし、１９９０年代に入って若い都市生活者に少しずつ農業への関心が芽生え出し、２０００年代なかばにはそれが顕著になった。09年は、『週刊ダイヤモンド』『ブルータス』『週刊ポスト』などの一般雑誌が農業の特集を組んだ。「農業がニッポンを救う」と題した『週刊ダイヤモンド』09年2月28日号は、通常より5％も発行部数が多かったそうだ。高度経済成長期には決して考えられなかった、農業ブームが到来したのである。

その後、マスコミレベルでの浅いブームは一段落した。しかし、若者たちの農山村志向、都市離れ、さらには脱成長・ダウンシフト（減速生活）への共感は、東日本大震災と原発事故以降いっそう強くなっている。

ダウンシフトは、長時間労働による多くの収入や物質的な豊かさを求めるのではなく、ゆとりある暮らしや家族と過ごす時間を大切にする考え方だ。その提唱者・高坂勝は、東京・池袋で週4日オーガニックバーを営み、残り3日は千葉県で米や大豆を作り、思索し、講演してきた（現在は閉店し、千葉県で暮らす）。彼は半農半Xのメッセージで広く知られる塩見直紀と並んで、農山村を志向する若者たちのヒーローである。半農半Xの定義は、「農ある暮らしをしつつ、天の才（個性や能力、特技）を社会のために活かし、天職（＝X）を行う生き方、暮らし方」を意味する。

一部の論者は、最近の若者は内向きだと批判するが、それは表面的な見方にすぎない。彼ら・彼女らは、決して社会問題から逃げようとしているのではない。塩見が言うように、農ある暮らしを実践しながら、個性や能力を社会のために生かそうとしている。地に足をつけて、地域再生やローカルなテーマに関心をもち、それを仕事に結びつけようとしているのだ。そのひとつが農業であり、集落支援員や地域おこし協力隊である。

実際、学生たちの職業選択が変わってきたと、多くの大学教員が語っている。いわゆる一流大学を卒業して、農業や地域づくりに携わりつつ農的暮らしをする男女は、決して変わり者ではない。

二　新規参入者の増加と有機農業志向

農水省の「平成24年新規就農者調査」によれば、東日本大震災の翌年となる２０１２年の49歳以下の新規就農者はほぼ前年並みの１万５４０人だ（全体では5万６４８０人で、２・８％減）。ただし、非農家出身の新規参入者は３０１０人で、前年より43・３％も増えている。このうち49歳以下は１５４０人で、92・５％増だ。49歳以下の新規参入者は２００６〜10年の間、５６０〜９４０人で推移していたから、その１・６〜２・８倍の計算になる。前述の若者の志向を裏付ける数字と言ってよい。この傾向はその後も変わらなかった。18年の新規参入者は３２４０人で、49歳以下は72・８％を占めている。

このほか、農業法人などに雇用された新規雇用就農者は８４９０人で、そのうち39歳以下が５３３０人、非農家出身が約８割を占めている。ちなみに、農水省が新規参入者の統計を初めて発表したのは１９８５年で、わずか66人、95年でも２５１人であった。

そして、新規参入者の人気を集めるのは有機農業だ。全国農業会議所が2010年に「新・農業人フェア」(就農情報が得られる相談会。これをとおして就農するケースが多い)で行った意識調査では、28％が「有機農業をやりたい」、65％が「有機農業に興味がある」と答えている。これは農業を始める前の希望であり、実態は違うだろうと言われるかもしれない。しかし、Ⅰで述べたように「新規参入者の就農実態に関する調査」(10年)でも、21％が全作物で、6％が一部作物で、実際に有機農業に取り組んでいた(このほか46％が「できるだけ有機農業に取り組んでいる」と回答)。次代を担う若手農業者たちは、明確に有機農業を目指しているのである。

食べものの安全性や環境問題から農業へ関心をもつケースが多いので、当然の結果と言えるだろう。2013年に有機農業参入促進会議が全国の有機農家を対象に行ったアンケート調査によれば、有機農業を始めたきっかけのベスト三は、「安全・安心な農産物を作りたい」(25・1％)、「(自分、家族、消費者の)健康のため」(15・0％)、「環境保全に関心がある」(14・1％)だった。

前述の「新規参入者の就農実態に関する調査」では、経営面での就農した理由も聞いている。その結果は、「自ら経営の采配を振れるから」が33・7％、「努力の成果が直接みえるから」が30・4％で、「農業はやり方次第でもうかるから」の19・0％を大きく上回った。これは、いまの企業人がおかれている閉塞した状況を如実に表している。安倍晋三前首相は「農業・農村所得倍増目標10カ年戦略」を掲げたが、大半の新規参入者の関心とみごとにずれている。収入よりも安全性や健康や環境保全が、彼らの大切な目標・ミッションである。

以下、1977年生まれの二人を紹介したい。いずれも、有機農業への憧れだけでなく、しっかりした研修先を選び、ビジョンをもって就農した。妻とよく話し合って将来を決めているのも共通している。

三　農協の有機農業研修制度で就農

黒澤晋一氏は仙台市生まれ。大学卒業後、川崎汽船に勤務し、3年間米国で暮らした。そこでつやこ氏と出会い、帰国後の2009年に結婚する。二人の人生に大きな影響を与えたのは東日本大震災(3・11)だった。

「人生あした終わるかもしれないんだから、やりたいことをやったほうがよいと思いました」(つやこ)

「東京と海外の往復というサラリーマン生活への疑問がだんだん大きくなり、地方に根っこをおろす生活へ切り換えられないかと思い始めていたときに、3・11が起きたんです」(晋一)

一年後の2012年3月、二人は当時住んでいた練馬区(東京都)で区民農園に応募して当選し、野菜を作りだす。週末の農作業はとても楽しく、農業という仕事もありかなと漠然と考えたという。二人の気持ちは一致していた。同じころ、つやこは偶然手にしたパンフレットで、アジア太平洋資料センターが主宰する「自由学校」を知る。その講座「どうする日本の食と農」

に参加し、就農への気持ちがさらに高まっていく。9月には晋一の故郷に近い宮城県村田町を訪ね、有機農家の話を聞いた。二人とも、有機農業しか考えていなかった。

「環境汚染に荷担したくないし、社会のためになる仕事をしたいと思っていたからです」

ただし、村田町には有機農家が少なく大変そうだという理由で、移住の決断には至らなかった。その直後に、茨城県八郷（やさと）（石岡市）に知り合いが借りている田んぼの稲刈りに誘われる。そのときの風景を見て、「ここに住みたいとビビっと思った」そうだ。ちなみに、つやこが育ったのは八郷の近くの茎崎町（現・つくば市）である。そして、八郷には全国で唯一の農協（JA）による有機農業の研修制度（年間1家族、39歳以下）がある（Ⅵの1参照）。二人の意志が縁をつなぎ、就農に結実していったわけだ。

すぐに農協の担当者を訪ね、畑を見学し、研修中の先輩の話を聞いた。11月には研修申し込み用紙を提出。2013年に引っ越して4月から研修生（15期生）になった。晋一は12年間正社員として勤務し、つやこもずっと働いていたから、1000万円程度の貯金があったという。農業を始めるには軽トラックや機械の購入が不可欠だし、住まいも新たに用意しなければならないが、十分な資金と言ってよい。

JAやさとの研修期間は二年間。一年目の4月から作付計画を指導農家と相談しながらたて、90aの研修農場で十数種類の野菜を農薬と化学肥料をまったく使わずに作り、提携している生協に販売した。収益は独立のための準備資金に当てられる。栽培技術の修得や生活面の相談には、指導農家をはじめとして農協の有機部会の先輩たちの協力が得られる。国の青年就農給付金(当時、年間150万円)も支給される。きわめて充実した研修システムだ。研修を終えた先輩の14組は、家庭の事情で断念した1組を除いて全員が八郷に住み、有機農業できちんと生計をたてている。

晋一たちは2015年3月に、研修を終えて独立。当初から90aの畑が借りられた。

「ゆくゆくは2haにまで広げて、地力を維持するために半分は休ませながら、経営をまわしていくのが目標です。決して無理するつもりはありません」

実際、現在は2haを二人で作り回している。主な出荷品目は、小松菜、レタス、玉ねぎ、キュウリ、ズッキーニなど。出荷のメインはJAやさと有機部会を通じた東都生協である。このルートがあるから、多くの新規参入者と違って販路の苦労はない。

「殺伐としない農家ライフを送りたいですね。新規就農者の先輩が『農家には確定申告の数字には出てこない豊かさがある』と言っていて、ぼくたちもそこに到達したいと思います。農業に転身して本当によかったです」

四　有機農業のすべてを学ぶ塾を卒業して就農

千葉康伸氏は横浜市生まれの上尾市(埼玉県)育ち。2000年の大学卒業後は、先物取引きの会社でシステムエンジニアとして働いていた。農業とはまったく無縁の人生である。顧客情報をデータベース化する仕事をしながら、「人に喜ばれる仕事なのだろうか」という疑問が徐々に強くなる。当時の楽しみは、妻との年一回の海外旅行だった。05年にバリ島(インドネシア)を訪れたとき、農業をしている人たちの笑顔がとても印象的だったという。そして思った。

「旅行でお金を落としていく側ではなく、あの人たち楽しそうだねと言われて、自分たちの仕事にお金を落としてもらう側になりたい」

問題は、その思いをどう仕事につなげられるかだ。二人は、東京で食べる野菜は美味しくないと感じていた。美味しい野菜を作れれば農業で食べていけるかもしれないと考え、2年間インターネットや本で農業を勉強。新農業人フェアにも参加し、各地の特徴的な生産者を訪ねた。ある果樹農家は、宇宙へ行くような防護服を着て農薬を散布していたという。「ぼくたちがやりたいのは、これじゃない!」

有機農業への思いが強くなったとき、有機のがっこう「土佐自然塾」(高知県土佐町、現在は閉鎖)を知り、塾長の山下一穂の話を聞きにいく。千葉は彼の言葉と雰囲気に魅せられた。

「農業はクリエイティブな、人間味が出る仕事だ。大丈夫、やっていけるよ」

こうして7年間勤めた会社を辞め、2008年4月に入塾する。3期生だった。妻も大賛成で、塾の近くに一軒家を借りて生活した。

そのころ高知県とNPOの協働で運営されていた土佐自然塾は、有機農業の技術から販売、経営哲学までを体系的に身につけられる場である。多品種の野菜栽培を一から指導され、座学ではマーケティング、簿記、ポップ作りなども学ぶ。朝市での販売も経験する。期間は1年間、研修授業料は60万円、定員は15名だ。この時点で105人が卒業。74人が就農し、10人がスタッフや研修中と、8割が農業に携わっている。山下はこう言ったという。

「美味しい野菜を作り、公正な価格で売っていけば、それだけで社会貢献できる。そのために、感性を養い、五感をとぎすまそう。農業というツールをもとに何が発信できるかを考えていこう。君たちは次世代へのバトンランナーになるんだ」

研修修了後は山下の技をさらに学ぼうと山下農園のスタッフとして1年働き、関東地方で就農先を探した。高知県では販路の支援を受けるなどで甘えが出ると思ったし、ある程度の売り上げを得るためには消費地に近いほうがよいと考えたからだ。しかも、「関東の黒ボク土は、保湿性も排水性もよく、ミネラル豊富で、保肥力がある。農業には最適です」。

県庁や知り合いから紹介されたところをいくつも回った末、まとまった農地が借りられる愛川町（神奈川県）に決めた。農業委員会の事務局長が親身に対応してくれ、有機農業への理解もあったという。農地は1・4haで、すべてが自宅から半径1㎞以内、さらに賃料は無料と、きわめて恵まれている。町で初めての新規就農者だし、神奈川県立かながわ農業アカデミー（次代の農業の担い手を育成する組織）の推薦もあったが、千葉が提出した綿密な就農計画も功を奏したのだろう。

２０１０年の就農から4年後には2haに広げ、40～50品目の野菜を栽培するようになった。出荷は、おもに地元生協や東京都の有機野菜を尊重するスーパー。売り上げは、12年が６５０万円、13年が９２０万円と、新規就農者としては抜きん出ている。だが、千葉は利益だけを重視しているわけではない。「バトンランナーになるんだ」という山下の教えを引き継ぎ、研修生を育てている。

「5年以内に、愛川町で経営が成り立つ3～5軒の有機農業の仲間を増やしたいです」

また、家族との時間を大切にしたいので、早朝に収穫しなければならない枝豆とトウモロコシの出荷は止めた。

「朝食も夕食も子どもと食べたい。愛川町が農業の成り立つ地域になり、農業をやりながら家族と一緒にいられれば、最大の幸せです。人生がガラリと変わり、満足度は１００です」

五　都市から地方への人口移動が始まった

日本では明治時代から一貫して、地方の農山漁村から中央へ人口が流出してきた。その流れが初めて、変わりつつある。ここでは関東地方への新規参入を取り上げたが、過疎地域の小規模市町村への人口移動が目立ってきた。Ｉターン者の比率の高さでは、群馬県の上野村や徳島県の上勝町、島根県の旧弥栄村(現在は浜田市)などがよく知られている。

２０１２年には中国地方の４町（山口県周防大島町、島根県飯南町・美郷町・海士町）で人口が社会増（転入者が転出者より多い）になった（『中国新聞』２０１４年１月１日）。農業への新規参入に加えて、集落支援員や地域おこし協力隊に20～30代が応募した結果である。総務省によると、任期を終えた地域おこし協力隊員の６割程度が毎年、任期終了後も赴任地に住み続けているそうだ。また、２０１３年６月までに任期を終えて地方に定住した１７４人のうち46人が就農したという。黒澤夫妻の新規参入のきっかけになった自由学校でも、毎年のように地方移住者や農的暮らしに切り替えた受講生が見られる。

「定年帰農」が大きな話題になったのは１９９８年だ。それから約20年。いま、「若者帰農」「田園回帰」「農的暮らし」への流れは止まらない。かつて地方の農山村は閉鎖的で自由がないと言われた。一方、いまの若者は「田舎の集落は温かい」「ほっておかれないから、うれしい」「農山村の高齢者は食べ物を作れるし、火はおこせるし、燃料も自給できて、カッコイイ」と言う。そこでは、農山村は決してマイナスイメージではない。

増田寛也氏（前岩手県知事、元総務相）と日本創成会議は「２０４０年に消滅可能性のある市区町村が８９６ある」と述べ、話題を呼んだ（『中央公論』２０１４年６月号）。だが、その第一位とされた南牧村（群馬県）には、２０１３～15年の３年間で14世帯26人が移住した。若者が移り住めば、子どもが生まれ、学校が守られ、賑わいが戻る。いま必要なのは、若者たちの価値観の変化をふまえ、持続可能な第一次産業を後押しする、地域づくり支援政策である。

2 脱成長と田園回帰

一 都市型社会に未来はない

「限界集落」という言葉が２０００年代前半に盛んに取り上げられた。それは、人口の過半数が65歳以上となり、道普請、冠婚葬祭、祭りなどの共同作業や慣行の維持が難しくなった集落を指す。実際にほとんどの住民が65歳以上の集落もあるが、特産品の開発や小規模なグリーンツーリズムに元気に取り組んでいるところも少なくない。耕す60代・70代は元気だ。住民同士のつながりや見守り機能は健在である。近所のおじいちゃんやおばちゃんの顔がたとえば２日間見えなければ、誰かが訪ねていく。朝起きたら、軒先に旗を掲げて健在の合図とする工夫も見られる。仮に全員が70歳以上であっても、そうした集落は決して限界ではない。

これに対して、孤独死が多発する都会の団地やアパートのほうが、ずっと限界を迎えている。東京23区内で、自宅で誰にも看取られずに亡くなった一人暮らしの高齢者数は、２００７年以降毎年２０００人を超える。その数が２９１３人と最大だった10年にＮＨＫは、こうした無縁社会を告発するキャンペーンを行った。だが、正確には、都会の多くは隣近所に暮らす人たちとの縁を自ら断つ「絶縁社会」と言うべきだろう（瀧井宏臣「絶縁社会と「子援」の可能性」寄本勝美・小原隆治編『新しい公共と自治の現場』コモンズ、２０１０年）。

また、20世紀型の産業社会すなわち都市文明は持続可能な地球環境という観点に立つとき、明らかに限界を迎えている。最近の全国的な猛暑を体験した誰もが、化石燃料の大量使用による地球温暖化がいかに深刻であるかを改めて思い知ったはずだ。それは熱帯化ないし気候危機というレベルである。長く２８０ｐｐｍ前後で安定していた大気中の二酸化炭素の濃度は、この２００年間で急上昇した。とくに、１９８５年以降の30年間だけで約50ｐｐｍと異常な増加を示している。

さらに、１９６０年代以降の日本は歴史的にも他の国々との比較でも、きわめていびつな食料・エネルギー外部依存社会である。65年に73％と、西ドイツ（当時）よりもイギリスよりも高かった食料自給率（カロリーベース）は、30％台後半から、上昇の兆しすら見られない（２０１７年にドイツは95％、イギリスは68％）。そして、日本人が食べる食料のうちほぼ四分の三は海外の農地で作られている。エネルギー自給率に至っては、太陽光・風力・地熱・バイオマス・小水力などの自然エネルギー大国であるにもかかわらず、わずか４％にすぎない。

二　脱成長の時代

「セルジュ・ラトゥーシュの『脱成長は、世界を変えられるか?』を読み始めた。人間の欲望が人間を破滅に導くという命題。脱原発と脱成長について考えてみたい」（菅直人ブログ、2013年8月8日）

「セルジュ・ラトゥーシュは『幸せの鍵は脱成長にある』と言っています。経済の規模を徐々に縮小することで、消費を抑制して、本当に必要なものだけを消費することで、真の幸せへつなげていくべきだと言うのですが、私も全く同感です」（細川護熙、『毎日新聞』2013年9月19日）

かつて菅内閣は、2％を上回る実質経済成長率を目指す「新成長戦略」を打ち出した。細川内閣も、武村正義官房長官が「小さくともキラリと光る国」を提唱したものの、政策として具体化されることはなかった。自民党幹事長経験者を含めて政治家は要職を退くと正論を吐く傾向があるが、二人が首相退任後に共通して「脱成長」に関心を寄せているのは、非常に興味深い。ぼくはかねてから脱原発と脱成長はポスト3・11の両輪であり、経済成長に偏重した社会から減速し、いのちを守る内発的復興に転換しなければならないと主張してきたので、おおいに共感するところだ。

同様な考え方は東日本大震災以降、相次いでいる。ここでは二つの至言を紹介しておこう。「経済にとらわれていることが私たちの苦しみの根源である。人は何を幸せとして生きる生

き物なのか考え直す時期だ」(歴史家・渡辺京二)
「発展だけ考えていたら破綻してしまう。持続に目を向けることが重要」(精神科医・中井久夫)
ところが、現役の政治家は与野党含めて相変わらずの成長病患者ばかりである。言うまでもなく、その筆頭が安倍晋三・前首相だ。しかし、実際には、アベノミクスの「唯経済成長路線」は3・11以前ですでに国民の大多数の意向から大きくずれている。
「経済成長を絶対的な目標としなくても十分な豊かさが実現されていく」定常型社会を提唱する広井良典(当時、千葉大学)は、①全国市町村の半数(無作為抽出)と政令市・中核市・特別区計986、②47都道府県に対して、「地域再生・活性化に関するアンケート調査」を2010年に行った(回収率①60・5%、②61・7%)。その結果を紹介しよう(広井良典『創造的福祉社会――「成長」後の社会構想と人間・地域・価値』ちくま新書、2011年。定常型社会については、広井良典『定常型社会――新しい「豊かさ」の構想』岩波新書、2001年、参照)。
たとえば、今後の地域社会や政策の方向性の基本を問う設問に対して、「可能な限り経済の拡大・成長が実現されるような政策や地域社会を追求」と答えたのは11%にすぎない。73%は「拡大・成長ではなく生活の豊かさや質的充実」の追求と答えている。また、「グローバル化に対応して外部との交易や対外的な競争力を重視するか、ローカルなまとまりを重視して経済や人ができる限り地域内で循環する方向をめざすか」については、人口5万人以上30万人未満の自治体では45対26と後者が多数を占め、人口5万人以下の自治体では138対32である。

図3　日本人の一人あたりGDPと生活満足度の推移(1981〜2005年)

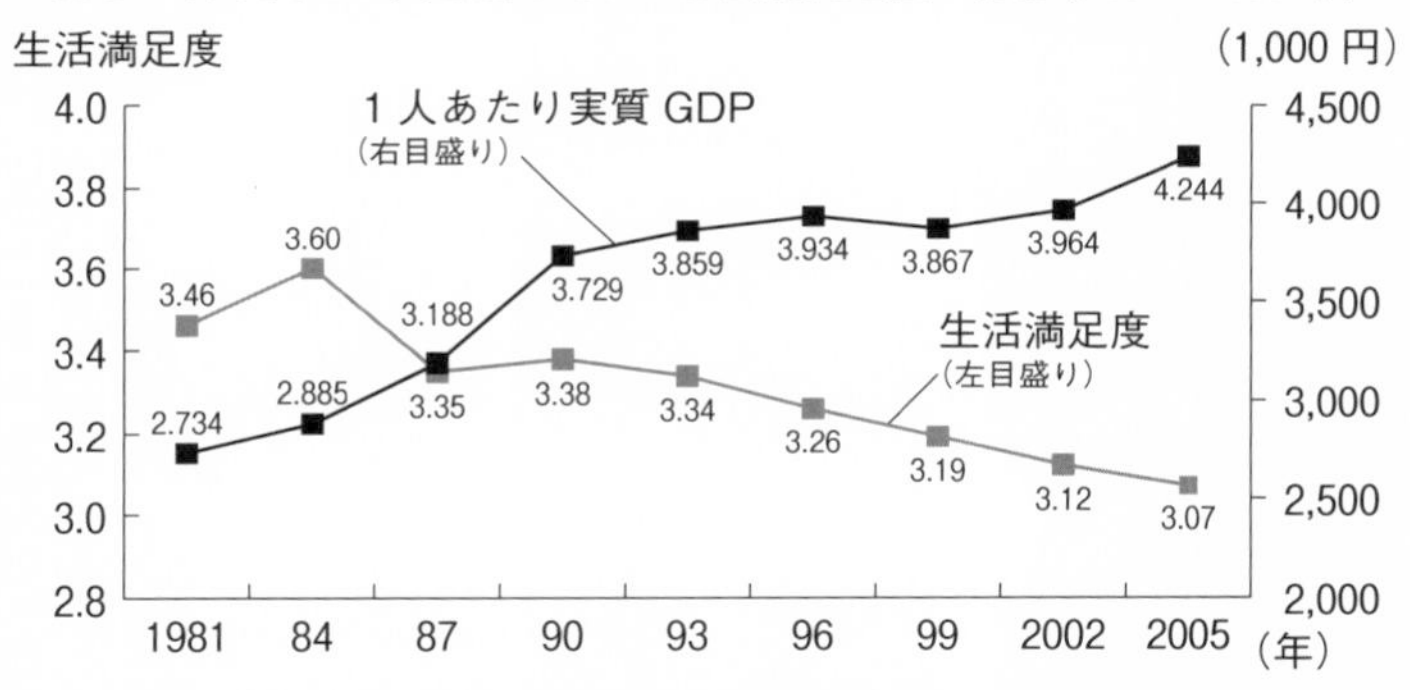

(注1)内閣府「国民生活選好度調査」「国民経済計算確報」(1993年以前は平成14年確報、1996年以後は平成18年確報)、総務省「人口推計」により作成。
(注2)「生活満足度」は「あなたは生活全般に満足していますか。それとも不満ですか」と尋ね、「満足している」から「不満である」までの5段階の回答に5から1までの得点を与え、各項目ごとに回答者数で加重した平均得点を求め、満足度を指標化したもの。
(注3)回答者は、全国の15歳以上75歳未満の男女(「わからない」「無回答」を除く)。
(出典)西川潤「日本人が本当に幸福になるために——生活の豊かさの測り方」勝俣誠/マルク・アンベール編著『脱成長の道——分かち合いの社会を創る』コモンズ、2011年。

地域づくりを住民とともに担う主体である地方政府へのアンケートに対するこの結果は、今後の日本社会が進むべき道を示唆していると見てよいだろう。回答が示す脱成長志向は、広井自身も予想を上回っていたと述べており、多くの日本人が同様な感想をもつかもしれない。だが1960年代以降、ひたすら経済成長を目指してきたなかで、私たちが生活に満足し、幸せになってきたかと素直に問い返してみれば、うなずける結果ではないだろうか。

国の世論調査(国民生活選好度調査)によれば、日本人の生活満足度は1984年の3・60をピークにほぼ一貫して下がっている（図3）。バブルがはじけたと言っても一人あたり実質GDPは81年から2005年に1・6倍になったが（273万円→424万円。ただし、格差の拡大に留意しなければならない）。生活満足度は3・46から3・07にまで下がったのだ。

OECD（経済協力開発機構）が加盟34カ国の生活満足度調査（収入・仕事・住宅・健康・環境など11項目の指標）でも、日本は25位タイ（4カ国が並んでいる）で、日本より低い国は6カ国しかない。OECDが2015年に47カ国・地域を対象に行った調査でも、日本の15歳の生活満足度は下から6番目に低い。

おカネの面では日本人は裕福になったけれど、生活には満足していない。だから、幸せとは感じられない。

三　若者世代の価値観の転換とGLH（地域総幸福）

自由学校（134ページ参照）で20代から40代前半の世代と接していて、人間と環境にやさしい社会への志向が強いことを、とくこの数年感じている。

彼ら彼女らは、高度経済成長を担い、自然環境を破壊してきた団塊の世代への拒否感が強い。2014年度の受講生数ベスト3は、「東京で農業！」「今こそ、小商い！―これからの時代の新・起業講座」「プランターで気軽に始める自然農法」だった。そして、「減速して生きよう」

と楽しそうにアピールする高坂勝や、「半農半Xという生き方」を静かに語る塩見直紀に惹かれる。講座受講後は毎年、地方への移住者が現れる。生き方を見直し、大胆に変える場にもなっているのだ。そうした若者の最近の特徴を裏付けるデータを紹介しよう。

第一は田園回帰。内閣府の世論調査で「あなたは、農山漁村地域に定住してみたいという願望がありますか」という質問に対して、「願望がある」「どちらかというとある」を合計した回答の割合は、2005年の20・6％から14年の31・6％へと大幅に増えている。20代の男性に限れば、14年は47・4％にも達する。地域おこし協力隊に応募して、過疎地域で地域活動を行う若者も多い。前述したようにその6割近くが、任期終了後も活動した市町村や近隣市町村に定住している。

第二はすでに紹介した非農家出身の新規就農者の急増と、その明確な有機農業志向。いまや、農業という仕事を選択する人たちは、決して少数の変わり者ではない。

ブータンの国是が国民総幸福（GNH＝Gross National Happiness）であることは、広く知られるようになった。ブータンを理想視するわけにはいかないけれど、もはやGNP信仰からは卒業するべきときだ。前述のデータはそれを明示している。いまこそ、本当の幸福、真の豊かさとは何かを真剣に考えたい。

ここでいう幸福とは、個人の主観的な感覚ではない。公正かつ環境を守る社会の実現によって、誰もが差別されずに、22世紀に生きる人びとを含めて、健康で文化的な生活を送れることを意味する。事実、ブータンのＧＮＨは以下の四点を掲げている。

①公正で持続可能な社会経済の発展、②自然環境の保全、③文化の保護と振興、④良い統治。

「（それは）人間さえ良ければ構わないという発想から離れて、生きとし生けるものすべてを慮ることで真の幸福を実現しようとする考え方です」（キンレイ・ドルジ著、真崎克彦ほか訳『「幸福の国」と呼ばれて――ブータンの知性が語るＧＮＨ』コモンズ、２０１４年）

この発想と交響するのが、エクアドルやボリビアの憲法のキーワードと言ってよい「ブエン・ビビール」である。直訳すれば「よい生活を送る」だが、ラテンアメリカの思想と社会運動に詳しい中野佳裕（早稲田大学）によれば、その含意は「自然と調和し、地域の人びとと分かち合って生きる」。これは、かつての日本の多くの地域では当然であり、農山村に生き、自給的部門が多い生活を送る高齢者がいまも続け、田園回帰の若者たちが目指す暮らしと哲学にほかならない。

こうした意味での幸福や豊かさを、それぞれが暮らす地域レベルから考えていこう。すなわち、ＧＮＰでもＧＮＨでもなく、地域総幸福（ＧＬＨ＝Gross Local Happiness）を追求していくのだ。同時に、フランスの市民社会や自治体で盛んになっている新たな豊かさの指標づくりに取り組んでいきたい。ぼく自身は11の指標を拙著『地域に希望あり――まち・人・仕事を創る』（岩波新書、２０１５年）で提起した。言うまでもなく、原子力発電や15年に成立した安全保障関連法や貧富の差の拡大は、ＧＮＨともＧＬＨとも本当の豊かさとも絶対に共存できない。

3 地域の希望を創る――田園回帰と有機農業

一　私たちは幸せなのか

都市型社会は限界を迎えている。食べものも、エネルギーも、人間関係も。「限界集落」は農山漁村にだけ存在するのではない。2で述べたように、都市部の団地やニュータウンのほうが深刻である。食料もエネルギーも自力ではまかなえず、人間関係はきわめて希薄だ。

都市生活者の多くは、おカネはたくさんあったとしても、幸せそうに暮らしていない。若者たちはそれを実感している。だから、物質的豊かさより関係性（人と人、人と自然）の豊かさを求める。農山村へ移住した若者たちは、「放っておかれないからうれしい」「田舎は温かい」と口をそろえる。典型的な言葉を拙著『地域に希望あり――まち・人・仕事を創る』（岩波新書、2015年）から引用する。

「こっちは仕事をしている人に笑顔が多いんですよ。不便とは思いません。都会にしかないものは、何もない。でも、田舎にしかないものはたくさんあるじゃないですか。夏は毎週川遊びして、魚を獲ってバーベキューしてます」

「景色に一目惚れです。この家の裏には段々畑があり、石垣が残っている。ここで農作業できる、歴史のなかに自分が入り込めると思ったら、うれしくって」

図3(145ページ)をみるとわかるとおり、GNPは伸びても幸せにはならないという意識は、若者たちだけでなく、日本人に共通している。収入が増えても、幸せになったとは感じていない。そのことを最もわかっていないのは政治家であり、次が国のエリート官僚と大企業の経営者や幹部層である。

二　田園回帰が進む地域の共通項

東日本大震災以降、都市部から地方の農山村への移住という田園回帰の流れが顕著になった。**2**では内閣府の世論調査を紹介したが、全国の過疎指定自治体794の2010年と15年の人口移動に関する「持続可能な地域社会総合研究所」(藤山浩所長)の調査では、10年の25〜34歳女性と15年の30〜39歳女性の数を比較すると、116自治体で5%以上増加している。こうした過疎自治体では、子どもの出生率も高い。日本の合計特殊出生率は1・45(15年)だが、7割の555自治体で1・5以上、92自治体では2・0以上である。

藤山浩は、子育て世代が増加している地域には共通点があると述べている。それは、多くの人が想定するであろう、移住補助金ではない。

「森林活用や子育て環境の保持、小さな拠点の形成など、自分達の暮らし、個性を大切にした地域づくりに特化している」(『日本農業新聞』２０１７年4月5日)

同感である。加えてぼくは、移住者が多い地域や自治体の特徴を次の三つに整理している。

①仲介者・中間支援組織の存在

移住者の感性や思考を理解し、彼らが地域にソフトランディングできるように配慮する人や組織である。地域おこし協力隊員を含めて、移住者が地域の「劇薬」から「良薬」になるのに欠かせない。

②横型の地域自治組織の積極的な活動

部落会のような地域自治組織は、いまでも「自治」とは名ばかりで、縦型の閉鎖的である場合が多い。それに対して、たとえば直売所運営組合とか農家民宿設立検討会のような、戸主に限らず意欲と関心ある住民が個人として参加する横型組織のほうが、部外者に対して開かれている。藤山が言う「小さな拠点の形成」は、こうした組織が担う。

③小学校が統合されていない

歩いて通える範囲に小学校があるかないかは、移住を決断する際の重要な要因となる。歩いて通えば、地域住民が子どもと顔見知りになれるし、子どもは道草ができる。道草することで、自然とふれあいながら健康に育つ。

三　有機農業を志向する新規参入者たち

移住者たちの仕事は、第一次産業や単一とは限らない。ＩＴ関連、さまざまな手仕事、ライター、公務・サービスなど幅広い職種や、自給的農を含めたそれらとの組み合わせで、生計を立てている。ただし、彼らは共通の志向をもつ。それは、食べものの一部を自給したい、高齢者の小さな兼業農業や手作りの加工を大切にしたいという意識である。

１９７０～80年代の有機農業の大半は、地方の強い志をもった生産者ないし生産者集団と、都市の消費者グループの、親密ではあるが閉じられた関係だった。両者ともに点の存在であり、地域に開かれていたとは言えない。しかし、２００６年の有機農業推進法の制定、同法に基づく有機農業モデルタウン事業によって、有機農業は地域へ広がっていった。地産地消が進み、地場産業やまちづくりとの連携が深まりつつある。

こうした有機農業や自然農法は、自治体や農協が支援していく公共性をもった存在と言える。しかし、有機農業の推進体制が整備され、積極的に受け入れようとする市町村や農協は、まだまだ少ない。「就農を希望したが、市町村の窓口で拒否された」「認定農業者として認められなかった」「草を生かす自然農法なのに、草を生やしていると非難される」といった声をよく聞く。担当者や普及指導員は、新たな仲間を歓迎する存在であってほしい。

一方で、移住者が多く元気な地域には必ずと言っていいほど、有機農業者や農的暮らしを目指す人たちがいる。典型的ケースの概要を紹介しよう。

①小川町モデル（埼玉県、都市近郊、Ⅰ・Ⅲ参照）
・日本を代表する有機農業者・金子美登氏のもとで新規就農希望者が学び、各地で自立
・小川町有機農業生産グループ約80人の95％は移住者（半農半Xを含む）
・地場産業との連携（豆腐、日本酒、製麺など）
・新規参入者がスーパーの有機野菜コーナーや直売所の担い手に成長

②白川町モデル（岐阜県、中山間地域）
・信頼される地元在住者が受け皿となるNPOを設立――地域づくりへの熱意
・有機農業モデルタウン事業で研修施設を建設――有効な助成策の必要性
・名古屋市の人気オーガニック朝市（Ⅶの②参照）との連携――生計が成り立つ
・新規就農者が独自に都市との関係性を形成――経済も人もつながる

③東和モデル（福島県二本松市、福島原発周辺での復興のトップランナー、Ⅴの①参照）
・NPO主体の地域づくり――集落レベルを超えて旧東和町全体で活動
・道の駅の運営を受託――高齢者の生きがい創出（野菜や加工品の販売収入と集いの場）
・都市部出身の新規就農者を積極的に誘致・育成
・農村部における暮らしのセーフティネットの形成――第二の人生の場を提供
・「小さな農」を大切にする内発的発展――新たな生業を生み出す

四　地域づくりの四つのポイント

125・26ページと重なるが、こうした元気な地域をつくっていくポイントを改めて整理しておこう。

①地域資源を生かし、それに新たな光をあて、暮らしに根ざした中小規模の複数の仕事（生業）を発展させ、さまざまな働き方を増やす。その際、無理に事業や規模を拡大しようとしない。身の丈に合った着実な進展、小さな成功の積み上げを大切にする。

②メインとなる仕事や複数の仕事の組み合わせで現金収入を得ながら、自給的部門を大切にし、安全な食べものを作る農の担い手でもあるような生き方を尊重する。それが過度な商品経済の浸透の防波堤となり、そこそこの現金で暮らせる生活のベースを形づくる。

③農山村の価値や知恵や仕事や生き方に学ぶ都市生活者やボランティアという応援団がいる。それは、交流人口・関係人口の増大や資金の内部循環の拡大につながり、交流から定住へと進むケースも少なくない。

④経済と暮らし、農業と農を二項対立させない。そのうえで、自然と共生した本来の農業（有機農業）に、産業型農業を埋め込んでいく。

V

東日本大震災から考える

ここに収録したのは2012〜14年に書いた文章である。東日本大震災の記憶がどんどん薄れていく一方で、復興は進まず、震災前まで有力商品であった福島県産農水産物の売れ行きはいまだに芳しくない。農水省が2018年に行った調査でも、消費者の2割弱が「安全性に不安がある」と答えている。「福島県産しか取り扱っていなければ購入しない」との回答も1割程度あった。それに対して、生産者の努力を知ってほしいと強く訴えるのが1だ。

また、ぼくは震災直後から復興の在り方に強い違和感があった。単なる復旧ではないと言いつつ、原発を動かし、高度経済成長よもう一度とばかりに、「強い産業」を目指す。だが、必要なのは東北の人たちの内発的考え方を尊重し、外部の人と知恵も協力しあうことだ。こうして、東北に犠牲を押し付けない形で小さな農業・林業・漁業も重視した地域分散型社会を創っていくことを2と3で主張している。

1 放射能に克つ農の営み――苦悩のなかから福島に見えてきた光

一 ぱったり途絶えた注文

2011年の暮れも押し迫った12月30日、福島県有機農業ネットワークから、有機農業者・減農薬農業者の米の販売支援を求める要請が、メールで流れてきた。それは、長年にわたって土をつくり、草と闘って、安全で安心できる米を作ってきた農業者たちの魂の叫びと言っても過言ではない。

「(前略)年の瀬のこのときに、伊達市(霊山町)のイチゴ農家、二本松市(東和町)のりんご農家が自ら命を絶ちました。もうこれ以上農民から犠牲者を出さないでください。福島県の米は農協の倉庫に業者の倉庫にそして農家の納屋に生き場をなくして年を越す状況にあります。

とくに消費者との産直で取り組んできた有機米、減農薬米の生産者の『これでは年を越せない』との悲痛な声に耳をかたむけてください。

すでに報道されているように、検査の結果100ベクレル以下は95%(不検出は85%)であり、基準値を超えたのは０・３％です。もちろん検査し、不検出の米のみの支援をお願いするものです。（中略）セシウムの米への移行が極力少ないことが検証され、来年の米づくりに光りが見えてきているこのときに、この希望の芽に心を寄せて下さい」

米に限らず、福島の農産物は売れない。地域ぐるみで有機農業に取り組んでいる旧東和町（現二本松市）のリーダーのひとり・菅野正寿（すげのせいじゅ）氏は、こう語る。

「うちの米や餅は例年のマイナス10％ぐらいだけど、東和全体ではリンゴ・サクランボ・畜産・ナメコなどが厳しい。個人客は、すぐには戻ってこないでしょう」

都市と多くの緊密なネットワークをもっている菅野ですら10％減なのだから、一般農家の深刻ぶりは推して知るべしだ。しかも、農協依存ではなく、自らの努力で産直や直売のルートを広げてきた農家や有機農家ほど影響を受けている。同じ旧東和町のリンゴ農家・齋藤政廣氏（羽山果樹組合組合長）に、正月開け早々に聞いてみた。

１９５５年生まれの齋藤は中学卒業後、一年間の都会生活を経て、71年からリンゴ一筋である。３・２haと大規模な畑に、ふじ・つがる・ひめかみなど約２５００本を植えている。花摘みや収穫などの繁忙期には、地元の女性をのべ１５０人は雇うそうだ。地域の貴重な雇用源でもある。リンゴジュースも手がけている。かつては農協へ出荷していたが、手数料や資材代を相当に引かれるので、２００６年に止めた。いまは、庭先販売・宅配便による販売・スーパーへの直接販売の三つが経営の柱である。粗収入は１３００万円程度、利益率は７割と高い。農水省の模範と言ってもいいような、優秀な経営である。

畑は福島第一原発から約40㎞。2011年6月に福島県が土壌検査したところ、放射性セシウムの含有量は1kgあたり1700~2400ベクレルだった。だが、齋藤のリンゴから検出された値は1kgあたり最大24ベクレル。国が12年4月から適用した新基準値100ベクレルの四分の一である。また、農水省は11年5月に果実類の移行係数を「最大0・1未満」と発表したが、齋藤の場合は0・01にすぎない。おそらく、長年にわたって堆肥を入れて土をつくってきた成果であろう。しかし……。

「こんなにひどいとは思わなかったです。とくに、去年(2011年)の11月に入って、福島市の米から1kgあたり500ベクレル以上のセシウムが検出されて以来、注文がぱったりこなくなった。いつもは11月に東京方面からの注文が増えるけど、去年はFAXも郵便もゼロ。12月になっても状況は変わりませんでした」

ちなみに、リンゴの販売は9月下旬から翌年1月までで、最盛期は11~12月だ。12月には、福島県知事の安全宣言をホームページからダウンロードして印刷し、顧客名簿に注文書とともに封書で送ったが、それでも注文はこなかった。これは、いかに行政が信頼されていないかの証明でもあるだろう。加工用リンゴもリンゴジュースも、例年を大幅に下回ったという。

窮状を知った地元スーパーが、12月になって他の産地からの仕入れを止めて買ってくれた。これまでの付き合いで、味を評価されていたからでもある。とはいえ、全体の売り上げは例年の55％にとどまった。

「今年（2012年）の秋も状況は変わらないでしょう。それでも、対策をとらねばならないし、発信もしていきたいと思い、リンゴの木の除染を行いました。高圧洗浄機で木の皮をはいでいくんですが、大きい木は一日せいぜい10本しかできません。いまは寒さで機械も凍ってしまうから、寒さがゆるんだら、またやりますよ」

こうした除染で、放射能は半分近くが除去されるという。ただし、木への影響は未知数だ。何より、防護マスク、眼鏡、合羽、手袋、長靴と重装備をしても、作業中の放射能汚染が気になる。だが、山からの水をそのまま使うなど特別な条件の田んぼで発生した汚染米を大きく報道するマスコミも、それを気にする消費者も、こうした農業者の努力や被曝には無関心である。

この高圧洗浄機の価格は35万円だという。齋藤は害虫防除用にもともと持っていたが、新たに手に入れる場合は相当な負担である。仲間のために二本松市と福島市へ補助金の交渉に行ったが、「国が全額助成するはずですから」と言うだけで、いつ助成金が出るかは、わからなかったそうだ。

「すべて国に丸投げなんですよ。悪いのは東電だから市や県を責めるわけにはいかないけど、納得はできない」

二　100km以上離れているのに…

福島県は東西に広い。新潟県境に近い西会津町は福島第一原発から約130km離れている。東京駅からの距離でいえば、沼津や甲府とほぼ同じだ。三留弘法氏（1972年生まれ）は、ここで菌床きくらげを生産・販売している。東京都足立区出身で、飲食業を経て2008年に妻の故郷へ移ってきた。それまで農業経験はゼロ。関心もまったくなかったという。

「子どもが生まれるし、新鮮な野菜を食べさせたいと思いました。こっちへ来て新米を食べたとき本当に感激して、それから農業の虜になりましたね」

義父は椎茸栽培を生業としていた。三留は当初それを手伝い、2010年からきくらげに取り組んだ。会津では郷土料理のこづゆに欠かせないし、香典返しに使われるほどポピュラーなものだ。栽培はハウスで行う。長さ50m、間口6mの耐雪型ハウス2棟で、設置にあたっては町から補助を受けている。

技術は先輩に聞いて覚えた。きくらげは収穫後おがくずや虫を取り除くために、よく洗わなければならない。手作業では追いつかないのでネットに入れて洗濯機で洗ったり、販売面では小分けして賞味期限を付けたり、工夫を重ねていった。そして、スーパー、生協、土産物屋などへ独自の販路が広がったときに、地震が起きる。

「あの日はハウスの中で仕事していました。めまいを起こしているような感覚で、初めは立っていられませんでしたね。でも、原発からかなり離れているから、(建屋の爆発後も)出荷への影響は考えなかったです」

折から、きくらげは端境期に入っていく。ただ、近隣の椎茸から放射性セシウムが検出されたこともあって、夏以降の出荷が気になりだした。収穫初期の6月に民間検査機関で調べると不検出だったが、だからと言って売れる保証はない。新たに販路を広げようと、東京のスーパーやラーメンのチェーン店などへ営業に出向いた。しかし、結果はさんざん。福島県というだけで話を聞いてもらえない。

「がんばろう福島というキャンペーンがあったけど、全然違うと思いました。都会の人は冷たかったです」

三留は農協出荷を行っていないが、農協の買い取り価格は例年の半額で、規格外品は値がつかなかったという。香典返しにも使われなくなり、在庫の山をかかえて途方にくれる生産者もいた。三留も、東京の出荷先からはすべてキャンセルされたそうだ。収穫と販売の佳境を迎える秋、会津のきくらげ生産者たちが受けた影響は甚大である。

「風評被害を受けたのだから、東京電力にすべて買わせようという話もありましたが、手塩にかけたものを自分で売りたいというのが生産者のプライドだと思います。そもそも(放射性セシウムは)不検出だったのですから」

そんなとき、三留の妻がテレビのニュースで、福島の農産物を首都圏まで毎週販売しに行く人物の存在を知った。齋藤登氏(二本松農園、1959年生まれ)である。

三　ネットから始めて首都圏での直接販売へ

齋藤は高校を卒業して以来、32年間福島県庁に勤務した(働きながら福島大学の二部を卒業している)。企画部門が長く、総合計画の作成や地域づくりにかかわり、仕事は好きだったという。だが、徐々に故郷の自然のなかで暮らしたいと思うようになる。結局、震災の1年前に早期退職して、父親の後を継いで農業を始めた。

といっても、農業の苦労は子どものころからよく知っている。目指したのは、単に作るだけではない農業。インターネット販売や、観光と結びつけた体験農園などだ。あわせて、有機農業に取り組もうと考え、前出の菅野の教えを受けていた。首都圏での販売に至るまでには、福島の農家の手助けをなんとかしたいという齋藤の思いがある。

かつて岩代国(いわしろ)と呼ばれた二本松市一帯は岩盤が固いため、地割れや建物の被害はほとんどなかった。しかし、1週間続いた停電やガソリン不足で農業ができなくなる。これは石油依存型農業の限界を示してもいるのだが、時間に余裕ができた齋藤は、ブログで被災の状況を発信していく。するとアクセスがどんどん増え、一日2000件に達した。それまで二本松農園のホームページへのアクセスはせいぜい20件程度だったから、100倍だ。

間もなく、「このままでは福島県の農家がダメになる。出荷停止になっていない福島県の野菜を買いたいので、送ってくれないか」というメールがたくさん入り出す。そこで、ためしに二本松農園に残っていた米5kg入り10袋をネットショップにあげたところ、わずか30分で完売した。これをきっかけに、近所の農家の野菜や前年産の米を次々と掲載すると、ほとんどが数日で完売となる。もちろん、福島県の放射能検査をクリアした野菜である。さらに、齋藤の活動がテレビで紹介されると、拍車がかかっていった。

「携帯に入る受注のメールが鳴り止まなかった。一日250件の注文があったり、売り上げが100万円を超えた日もあります。被災地を応援しようという気持ちに的確に応えるシステムをつくると、これほどのことが起こるのかと驚きましたね」

やがて、齋藤のところには、風評被害に苦しむ農家が自ら訪れはじめる。4月のある朝、農園の事務所に寝泊まりしていた彼が起きると、事務所の入口に見知らぬ女性がいた。

「どうしたの?」

「奥会津の只見から来ました。観光客が減って、おみやげ用のゆべしが売れなくて困っています。このままではパートの人にも辞めてもらうしかありません。助けてください」

只見と二本松は100km離れている。齋藤が「事前に連絡いただければいいのに」と言うと、彼女は「齋藤さんは農家を助けている。私は農家でないので、電話をしたら断わられると思い、わざと電話しないで来ました」と答えたそうだ。

そこで彼女から詳しく話を聞き、福島県内産もち米が原料のゆべしや福島県内産大豆が原料の味噌などのセット（4500円）をその場でつくった。そして、写真を撮ってネットショップに載せると、1時間あまりで10セット以上が売れたという。彼女の顔がみるみる明るくなっていったのは、言うまでもない。

5月17日には、二本松農園のネットショップに参加している農家で、任意団体の「がんばろう福島、農業者等の会」を結成した（会員は約30名）。会員農家には明確な特徴がある。専業、大規模、減農薬、エコファーマー……。つまり、自ら顧客を獲得し、信念をもって一生懸命やっていた農家が、風評の直撃を受けたのである。

彼らのために、齋藤は自らの利害を超えて大車輪で動いてきた。これから農をベースに生きていこうとする彼にとって、農家を見捨てるという選択はあり得なかったのだろう。被災者の支援には速効性が必要だ。もちろん義援金を集めるのも大切だが、農家や商店が丹精込めて作った農産物や商品の販売の手助けは、作り手たちにとってよりうれしいはずである。三留が言う「生産者のプライド」の尊重につながるからだ。齋藤が語る。

「自分だけ儲かろうなんて考えたら絶対にダメです。仲間の農家を助けようと損得抜きで動けば、まわりに輪が広がります」

5月の連休を境に、被災地に対する応援買いは減少する。ネットショップの売り上げはピーク時の三分の一になった。それでも1カ月400万円というから、たいしたものだ。そして、このころから首都圏で復興イベントが増えてくる。企業や市民団体が被災地の農家などを呼んで、産品を直接販売してもらうのである。二本松農園にも呼びかけが多く寄せられ、積極的に参加していく。

当初は、コスト削減の目的で齋藤が一人で上京していた。前日の夕方に農家から野菜などを集荷し、夜、東北自動車道に入り、サービスエリアで車中仮眠をとる。そして、たいていは早朝からイベント会場で売り出す。体力的にはきついが、彼の活動に賛同する首都圏在住の販売ボランティア(大半は女性)が手伝ってくれるので、何とか対応できたという。

「齋藤さん、今後もず〜っと福島県の応援をしていきますよ、とおっしゃっていただけると、涙が出るほどうれしいです」

一日の売り上げは平均13万円程度。福島出身、福島に知り合いがいる、自分のポリシーとして被災地・福島を応援したい……。購入の動機は、さまざまだ。もちろん、すべて放射能検査をして不検出が確認された野菜やお菓子などである。ただし、どこでも、10人のうち8人は、福島産というだけで買わない。それでも、齋藤は前向きだった。

「首都圏には4000万人が住んでいます。10人のうち2人が買うということは、800万人は応援者ですよね。そこへダイレクトに届けるルートをどうつくるかが勝負です」

夏以降は、定期的な販売場所としてカトリック教会の組織的な協力を得て、日曜日のミサの後に数百人単位に販売していく。また、高齢化が進み、買い物過疎と言われている多摩ニュータウンや、港区の介護施設前の敷地でも毎週一回販売し、どちらもリピーターが増えた。売り上げは平均7万円程度だ。二本松農園のスタッフが交代で販売を担当し、3月までは三留も週二回、販売を手伝った。

「齋藤さんとの出会いは、本当に大きかったです。バイトとしてそれなりの収入があるのも助かりますけど、それ以上に、東京でいろんな人とのつながりが生まれました」

全体としてみれば、福島産農産物の販売状況は厳しい。また、応援は一時的なものである。だから、こうした顔の見える関係を継続し、ビジネスとしていかなければ、福島の農業は成り立たないと齋藤は考えている。そのとき大事なのは、農薬と化学肥料を使わない、自然の摂理に則った有機農業である。当たり前のことだが、放射能が人間にも環境にも危険なように、農薬と化学肥料も人間と環境を蝕んでいく。

「有機コーナーを吉祥寺や目白の教会で始めました。野菜は100円高くしていますが、意義を理解していただけるので、ほぼ完売です」

大地を汚染された福島の農業の復興は、大地を汚染しない有機農業から始まる。

四　放射能に克つ土の力

80％の人が福島の農産物を買わないことを非難しようとは思わない。放射能がきわめて危険なのは自明だし、ごく微量でも影響があることも間違いない事実だからである。とくに、小さい子どもをもつ家庭や、これから子どもを産み育てる女性は、できるだけ放射性セシウムが含まれていない米や野菜を食べるべきである。国の新しい基準値（一般の食品に含まれる放射性セシウムが1kgあたり100ベクレル以下）も甘すぎる。ただし、福島の米や野菜がすべて危険であるというのは誤りだ。

福島県は2012年2月7日、県内で米を作っている2万3247戸を対象に行った、11年産米の放射性物質（セシウム）緊急調査の最終結果を発表した。それによると、①86・2％は不検出、②新基準値の100ベクレル（1kgあたり。以下同じ）を超えたのが12市町村の545戸で、2・3％、③暫定規制値の500ベクレルを超えたのは3市（福島市、小国村や渋川村など9旧市町村）の38戸、全体の0・2％であった（なお、15〜19年度で基準値を超えた割合は0・03〜0・08％）。

稲については、2011年春の段階で土壌から稲（玄米）への放射性物質の移行係数が0・1とされ、土壌中の放射性セシウムが5000ベクレル以上の田んぼでは作付けが禁止された。当時、大半の人びとが作付け禁止を妥当であると考えたであろう（5000ベクレルという基準が緩すぎるという批判も多かった）。

ところが、市長が全市で稲の作付けを禁止した南相馬市で（稲だけを禁止するということの指示自体、どう考えてもおかしい）、84歳の老農が自らの信念で稲を作付けた。その田んぼは、4月の放射能検査では8777ベクレル。相当に高い数値である。だが、10月になって収穫した玄米からの検出値は97ベクレル、精米からは54ベクレルであった。玄米への移行係数は0・01 1、国の想定の九分の一に抑え込まれたのである。

これは、彼が40年にわたって、土をつくってきたからにほかならない。牧草や畦畔の草をおもな餌として牛を飼い、その糞を主体に米ぬかを加えた堆肥を投入してきた結果としての土の力が、放射能に勝った。まさに、地域資源循環型有機農業の成果と言ってよい。

同様な事実は、菅野が暮らし、耕す東和地区でも見られる。野中昌法（新潟大学）の調査では、たとえば土壌中の放射性セシウムが4600ベクレルだった田んぼでも、収穫された玄米からは検出されていない。

野中によれば、それは堆肥や稲ワラといった有機物の土への鋤き込み、カリ肥料の投入など、田んぼへの手のかけ方の結果であるという。有機物やカリ肥料を多く投入すると、土が放射性セシウムを吸着・固定する量が増えるから、作物への移行が抑えられる。また、セシウムはカリウムと似た性質があり、カリウムを好んで吸収する。さらに、深く耕せば表面のセシウムが大量の土と混ざって地表の放射線量は低下する。

野菜については、「季節の野菜」すべてが暫定規制値を下回っていると福島県がホームページで明らかにした（2012年2月3日）。ただし、こちらは数値が掲載されていない。また、知事の顔写真が載って「本県の農林水産物を応援して下さるようお願いします」と書かれているのは明らかに逆効果で、決して信頼感は得られないだろう。
そこで、農業者たちの自主測定と民間測定機関の検査結果を紹介しよう。ひとつはゆうきの里東和ふるさとづくり協議会の生産者たちが作った650点の野菜を2011年7～12月に自ら調べたもので、95％が100ベクレル以下であった(だから安全と主張しているわけではない。なお、数値には自然界に存在するカリウム40も含む)。もうひとつは福島県内に11年に誕生した市民放射能測定所のもので、ほとんどが県内農産物である。サンプル数は多くないが、傾向はつかめる(**表5**)。

表5　福島県産野菜から検出された放射性セシウムの値(ベクレル／kg)

種類	数	最小値	平均値	最大値
ジャガイモ	40	0	7	39
大根	18	0	4	13
白菜	15	0	4	12
玉ねぎ	13	0	4	10
リンゴ	28	9	30	60

(注)2011年12月4日時点。
(出所)市民放射能測定所のデータより作成。

もちろん、これらの数値をどう評価するかは人によって異なる。限りなくゼロに近い値を求めるのであれば、5％も新基準値を超えていたり、最大値が39ベクレルだったりするのは、許せないかもしれない。しかし、ある程度の農業者との付き合いや農への思いがあれば、一年間でよくここまで減らしてきたと判断するのではないだろうか。政府や専門家、多くの消費者が想定したよりもはるかに少ない農産物の汚染ですんでいるのは、生産者の丁寧な土づくりや、通常より深く耕すなどの地道な農作業による成果なのである。

こうした事実は驚くほど知られてこなかった。だから、「福島の米や野菜は危険だ」と思ってしまう。反原発の気持ちが強い人ほど安全性に敏感だし、環境への意識が高い人ほどそう考える。しかも、マスメディアは「500ベクレルを超える米が出た」となれば、現場に殺到し、大きく報道する。日常的な農業者の努力は報道しない。だから、消費者は生産者のことを「汚染を広げる加害者」として認識する。

福島のみならず東日本の生産者も、「顔の見える提携関係」のもとでその米や野菜を食べてきた人たちも、スーパーや生協で買う消費者も、すべて原発事故の被害者である。にもかかわらず、作る人と食べる人の間には分断と対立の構造が生み出されてしまったのだ。齋藤政廣はこう語っていた。

「私たち福島の農業者は原発事故の被害者です。被害者をいじめないでほしい。お金をかけて記者がたくさんやってくるけど、そのお金を使って放射能の問題を追及してほしい」

米に関して言えば、放射性セシウムの濃度が高いところはほぼ特定された。それゆえ、そうした地域の詳細な(たとえば100mメッシュの)空間放射線量測定マップ・土壌汚染マップが作成されなければならない。その資金を出すのは、当然、国や東京電力である。マスメディアが報道すべきは、たとえばこうした問題である。

齋藤登はしばらく、福島県有機農業ネットワークの事務局長として、会長を務めた菅野とともに活動した。福島の有機農業をなんとか再建したいと思ったからである。

露地で野菜を栽培し、里山の落ち葉を使って堆肥をつくり、放牧する家畜に自給飼料を与える循環型有機農業は、原発事故に直撃された。当初、絶望した有機農業者も少なくない。だが、耕し続けた結果、かなりの成果が得られた。

菅野は、計画的避難区域に指定されている川俣町山木屋地区の隣接地にも畑をもっている。そこの空間放射線量は毎時1・5マイクロシーベルトとかなり高かったが、草を刈り、堆肥を入れ、トラクターで三回、15㎝まで耕すと、0・7マイクロシーベルトまで下がった。菅野はそこに大根の種を播いた。希望の大根である。収穫された大根に含まれていた放射性セシウムは1kgあたり17ベクレル。土は応えてくれたのである。

齋藤登が言った。

「数十年後に福島の農産物が世界一安全で美味しいものになることが私の夢です」

2 内発的復興と地域の力

一 基本理念と生業の振興

経済同友会は、東日本大震災と東京電力福島第一原子力発電所の大事故から1カ月も経たない2011年4月6日に、「東日本大震災からの復興に向けて〈第2次緊急アピール〉」を発表した。そこではいち早く「原発休止炉の早期再開をめざすべきである」と主張したうえで、「復興の基本理念」をこう掲げた。

「震災からの『復興』は、震災前の状況に『復旧』させることではない。まさに、新しい日本を創生するというビジョンの下に、新しい東北を創生していく必要がある」

そして、産業振興として、次のように述べる。

「規制緩和、特区制度、投資減税、各種企業誘致策などあらゆる手段を講じ、民の力を最大限に活かす」

「第一次産業については、農地の大規模化、他地域の耕作放棄地を活用した集団移転、法人経営の推進、漁港の拠点化など大胆な構造改革を進めることによって、東北の強みを活かしながら、『強い産業』としての再生をめざす」

正気の沙汰とは思えなかった。これが、徹底した平和主義と護憲を貫いて東日本大震災の前年に亡くなった品川正治氏が終身幹事を務めた組織のアピールなのだから、心底、悲しくなってくる。

経済界は一貫して「高度経済成長をもう一度」と願い、新自由主義的手法による国家主導型の「復興戦略」を推進してきた[1]。それは「アベノミクス」と同根であり、県レベルでは宮城県が先兵となっている。だが、こうした復興には明確に異を唱えなければならない。前述の基本理念や産業振興は、こう書き改めなければならない。

「震災からの『復興』は、震災前の経済成長優先社会に『復旧』させることではない。地域循環型の日本社会を創るというビジョンの下に、第一次産業を大切にした東北を内発的に創りあげていく必要がある」

「状況に応じた規制強化、限定的な特区制度、資金の地域内循環、小さな起業などの手段を講じ、市民の力を最大限に活かす」

「第一次産業については、農地の脱単作化・化学化、耕作放棄地の再生利用、家族農業の重視、有機農業の推進、被災漁港の復旧など近代農業・収奪型漁業の根本的見直しを進めることによって、東北という風土の強みを活かしながら、持続可能な生業としての再生をめざす」

二　七つの重要な視点

第一は、犠牲のシステムからの脱却である。成長型社会では、無責任に犠牲を押し付けるものと犠牲を押し付けられる(犠牲にされる)ものとが明確に区別されている。成長型社会は都会、大企業、第二次産業・第三次産業の利益によって成り立っていて、地方、第一次産業、自然、環境が犠牲を押し付けられていた。その延長上にアジアやアフリカなどの途上国がある。そして、多くの人たちが指摘するように原発は犠牲のシステムの典型である。

第二は、第一次産業と地場産業をベースとした地域循環型社会の構築である。各地にそのモデルが生まれてきた。1などで紹介した二本松市東和地区で言えば、桑畑の再生を目的にした桑の葉パウダーをはじめとする特産品の開発、産直と有機農業の強化、独自の地域認証制度や有機堆肥づくり、約30人の新規就農者の受け入れ、道の駅ふくしま東和の運営、農家民宿、新たなアルコールツーリズムなどである[2]。

中小の工業、商業、金融機関、地域メディアなどもその重要な担い手として位置づけたい。なかでも、信用金庫・信用組合・労働金庫などが社会的公正を目指す福祉・環境・食・農などに関わる企業・グループ・個人に低利・無担保の融資を行えば適正な利益を生み出し、おカネが地域で循環していくだろう。

第三は経済成長優先主義から脱成長への転換、第四は内発的な力と外発的な力の交響である。これらについては、三・四で詳しく言及する。

第五は、多様な再生可能エネルギーの推進と電力の地産地消である。3・11後の東北地方では、会津電力、会津自然エネルギー機構、土湯温泉(福島市)のバイナリー発電、いわきおてんとSUNプロジェクトなどがいち早く進んだ[3]。あわせて、生活面では、暖房や給湯などへの電気利用の見直し、農業では化石燃料依存からの脱却が欠かせない。

第六は、自然観の転換である。第二次世界大戦後の日本人は、自然は征服できるものと考えてきた。それが打ち破られたのが東日本大震災である。日本人は元来、自然を恐れ、自然に感謝しながら生きてきた。その視点は、第一次産業を含めて希薄になっていたのではないか。

第七は、故郷への想いの継承である。ここでいう故郷は、生まれ育ったところに限らない。新規就農、定年帰農、移住を含めて、いま暮らすかけがえのない地域こそが故郷だ。そこの人間関係、自然とのつながり、景観や風景など経済ベースと異なるものを大切にしていかなければならない。たとえば、東和地区を離れた移住者はほとんどいなかった。

三　経済成長優先主義から脱成長へ

脱成長の考え方を日本に広めたセルジュ・ラトゥーシュは、以下のように述べている。

「問題の核心は、経済性の本質として捉えられる成長論理である。重要なことは、経済成長や開発を環境に優しいものにしたり、悪い成長・悪い開発をよい成長・よい開発に置き換えることではなく、経済から抜け出すことである」[4]

脱成長には二つの側面がある。ひとつは、経済という尺度のみをものごとの判断基準としないという点である。1960年代以降の高度経済成長に慣れきった人間には、違和感があるだろう。しかし、歴史的に見れば経済が突出した社会のほうが異常である。カール・ポランニーが言うように、経済は本来、社会に埋め込まれている。もうひとつは、経済の規模を徐々に縮小していき、地域に根ざして充実した生活を送ることが幸福な暮らし、満足した生活をもたらすという点である。

ところが、7年半も首相を続けた安倍晋三氏は、国民のこうした意識に反して、いまだに成長病患者である。「日本が世界の成長センターになる」ために「世界で一番企業が活躍しやすい国を目指します」と、2013年2月の施政方針演説で述べた(この方針は一貫して変わらない)。これは冒頭で紹介した経済同友会の「復興の基本理念」とぴったり重なる。

たしかに日経平均株価は上がったが、消費税率も上がり、多くの庶民の暮らしのレベルと幸福感は下がった。いまの日本が本当に目指すべきは「世界で一番国民が幸福になる国」にほかならない。

そして、ここでいう幸福とは、公正かつ環境を守り育てる社会の実現によって、多くの人びとがよりよく生きられるようになることである。周知のとおり、ブータンでは「国民総幸福(G

NH)」が国是だ。GNHが目指すのは、「現在の消費文化を打破し、人類の潜在的可能性を発現し、社会の幸福を開発のゴールとするパラダイム」[5]である。

そのためには、価値観の転換が欠かせない。端的に言えば、おカネの秩序から、いのちの秩序への転換である。阪神・淡路大震災や東日本大震災後は一時的に、いのちの秩序がおカネの秩序より重視され、人と人の絆が深まったが、「災害ユートピア」にとどまり、持続しなかった。いのち以上に大事なものはないという当たり前の事実を、改めて認識しなければならない。

四　内発的な力と外発的な力の交響

内発的発展・復興の場は、決して閉じられた世界ではない。地域の力を発揮し、魅力ある地域づくりが進んでいるところは必ず、農山村と都市の交流が盛んだし、外部主体による支援、Iターン者(よそ者)の熱心な活動がある。世代を超えた出会いとつながりの深化が見られる。こうした側面から、内発的発展・復興が成功するポイントは、以下の三点に整理されるだろう。

第一に、Iターン者や若者や女性という、かつては集落で自主性や知恵、そしてチカラを発揮しづらかった層を応援する地元出身者の存在である。多くの場合は、進学や就職で都会に出て、都会の魅力とマイナスの双方を体感したうえで、故郷に戻って生きるUターン者(出戻り)が、その役割を果たしている。第一次産業従事者であれ、町村役場や農協などの勤務者であれ、農山村の価値観と都市の価値観の双方がわかっていることが、つなぎ役としての条件である。

第二は、担い手を広く捉えることである。地域活動の支援や環境教育などをとおして地域に根づいたNPO「かみえちご山里ファン倶楽部」(新潟県上越市)のリーダーは、こう述べている。「私たちは『ムラ人』という表現で、定住者は一種ムラ人、近隣から通う人は二種ムラ人、都市から通う人は三種ムラ人と独自に定義しているんですけど、要するに条件はひとつだけ。自然を含めたここのコミュニティに帰属意識を持っているかどうかです[6]」

この三者がお互いを尊重しながら共鳴し合って活動するとき、地域は元気になっていく。三つのムラ人以外にも地域の魅力が伝わっていく。田舎ツーリズム、農家民宿、農家レストランなどによって、雇用と資金の地域内循環が生まれる。二種ムラ人、三種ムラ人は、関係人口、交流人口と言い換えてもよい。

第三は、世代を超えた価値観の共感である。非農家出身の新規就農者の多くは、大規模化・施設化・化学化の産業型農業ではなく、農山村の資源を生かした有機農業に魅力を感じている。小規模な自給型の兼業農業・林業に価値を見出す者も少なくない。彼らは、農山村で長く生きてきた高齢者たちの暖かい人柄と、生業と暮らしの技を尊敬している。そこでは、地域自給・小さな農・山仕事などはプラスのイメージである。

そうした若者たちを見て、高齢者は自らの生業と暮らしに改めて誇りを感じていく。かみえちご山里ファン倶楽部のリーダーの言葉を借りれば「一世代ワープした祖父母と孫みたいな組み合わせがいい」のである。実際、いま各地で孫世代による農業継承の動きが生まれている(孫ターン)。彼らは、次代の内発的発展・復興の時代のリーダーだ。

企業誘致、リゾート開発、原発誘致……。外発的な農山村開発はすべて破綻した。バブル崩壊以降の20年間は、小田切徳美が的確に指摘するように、農山村にとっては、地域再生の道を地域自らが考える環境をつくり出した「未来に向けた二〇年」であった[7]。ぼくは決して「失われた20年」とは思わない。自然環境や人と人とのつながりが失われたのは事実であろうが……。次の20年で、「農山村は内発的にしか発展しない」ことが各地で実証されていくだろう。

(1) 日本経団連も、ほとんど同じ発想である。
(2) 大江正章「被災地発・内発的復興への挑戦2福島農業の再生をめざして」『世界』2013年12月号。
(3) 大江正章「被災地発・内発的復興への挑戦1福島だからこそ自然エネルギー」『世界』2013年11月号。
(4) セルジュ・ラトゥーシュ著、中野佳裕訳『〈脱成長〉は、世界を変えられるか?——贈与・幸福・自律の新たな社会へ』作品社、2013年。
(5) ダショー・キンレイ・ドルジ「GNH(国民総幸福量)に喚起された開発のパラダイム」庭野平和賞30回記念シンポジウム、2013年10月23日。
(6) http://watashinomori.jp/ 最終アクセス2013年11月16日。
(7) 小田切徳美「経済成長路線と農山漁村——内発的地域づくりの好循環を目指して」『町村週報』2013

年11月18日号。

3 耕す市民の力

1970年代から80年代にかけて、政治学者の松下圭一らが市民自治を、神奈川県知事の長洲一二（ながすかずじ）らが地方の時代を提唱し、多くの人びとに影響を与えていく。そこでは、まちづくり・福祉・文化・環境・国際交流などさまざまな分野で独自の新しい発想や政策が生まれた。しかし、農業についてはほとんど語られなかったと記憶している。ぼくは1980年代後半に当時勤めていた出版社で、「シリーズ自治を創る」という全15巻の本の編集に携わったが、収録された約180本の論文に農業をメインテーマとしたものはない。市民参加や都市問題を語る人たちにとって、農業ないし農は関心の外だったのである。

ぼく自身はそのころから一貫して農と地域について考え、発信してきた。1989年には編集者として、『「農」のあるまちづくり』（渡辺善次郎ほか編著、学陽書房、1989年）を世に問うている。そこでは、「農の力と市民の力による地域づくり」を大切にしていた。当時は超少数派だったが、いまではこうした発想が広く受け入れられるようになっている。時代が変わった！

一方で、1970年代から都市の消費者を中心に有機農業運動が少しずつ広がっていく。そこでは、食べものの安全性が重視され、生産者と消費者の提携、顔の見える関係が大切にされた。いや、正確に言えば、大切にされたはずだった。だが、周知のとおり、原発事故後の放射能汚染でもっとも大きな影響を受けたのは、有機農業生産者だった。それも福島だけではない。北関東はじめ広範な地域に及んでいる。

安全性と関係性を重視して提携をしてきた消費者たちが、年輩の人びとも含めて、かなりの割合で離れたのだ。これはぼくにとってかなりショックだった。また、福島からだけではなく、首都圏から移住した消費者やNGO活動家も少なからずいる。その大半は、さまざまな形で有機農産物の消費者だった。

かつては提携と言えば、生産者と消費者の親密な関係が特徴で、子どもを連れて(夫はめったに行かなかっただろうが)援農で年に数回田畑を訪れたり、春先には作付会議を行ったりしていた。生産者は身近な存在で、食卓では個人名が話題にのぼったと聞く。しかし、最近では消費者が田畑を訪れるケースは少ない。多くは、せいぜい年に一回の収穫祭である。新規就農の若い生産者は農作業が忙しいという事情も理解はできるものの、両者の関係性は薄くなっていた。そして、消費者と土との関係はほぼ切れていたのではないだろうか。端的に言えば、身土不二ではなく、食農分離だったのではないだろうか。

日本有機農業研究会の有機農業推進委員会は、こう述べている。再掲しておきたい。

「「提携」で支払われるお金は、個々の有機農産物に対する「代金」ではない。商品への支払いは売買契約の決済であり、したがってそれは「縁を切る」ためのお金といえる。他方、「提携」でのお金は、田畑を通した自然と労働への代償・謝礼であり、そしてそれは農家の生活費や生産費の保障を内容としているので、農産物を通じて田畑と人々を結び合うための「縁結びのお金」といえる[1]」

だが、ここで書かれているような、いわば縁のネットワークは、実際にはいまの提携関係において決して多くはないことがわかった。「安全な野菜を食べる」というだけの目的では、それが失われた場合、あっさり「縁を切る」のは当たり前なのかもしれない。そこでは、自分が食べるものを作ってくれていた生産者がどういう状況におかれているかという想像力が決定的に不足している。その点では、専門に閉じこもった研究者たちや、被災者の想いを汲み取れない政治家や官僚と変わらない。生産者の営農が成り立たなければ、安全性の基盤自体が崩壊するにもかかわらず。

実際には、福島県の2012年産米に含まれる放射性セシウムを全袋検査した結果では、99・8%が25ベクレル以下であった。野菜もおおむね検出限界値以下(数ベクレル以下)だ。農業者の努力の成果、土の力によるものである。ところが、こうした情報はなかなか伝わらない。あるいは、行政の測定結果を頭から信用しようとしない。だから、福島県で地産地消の学校給食が復活したことを多くのNGOが非難する。「水俣湾で獲れた魚は危険だからいまも食べない」という差別と同じ現象が、福島の農業者に対して起きる。

明峯哲夫(農業生物学研究室)は「有機農業運動は「たくましい生産者」を生むことには成功したかもしれない。しかし「たくましい消費者」を育てることにも成功したのだろうか」と問うている。[2] 有機農業運動への鋭い問いかけであるが、そもそも「消費」するだけの人間は、決して心も体もたくましくはなれない。そして、想像力がたくましくないから、あっさり縁を切るのではないだろうか。

これに対して、家庭菜園や市民農園で自分が食べる野菜の一部を作る人たちは、比較的日常的に土と向き合っている。提携の消費者より土との親密度は高い。首都圏の場合、彼らの多くは悩みながら、野菜や米を作り、測定し、食べた。それは、多少なりとも耕すことや自然とふれあうことの意味や楽しさが、体をとおしてわかっていたからだろう。

すでに述べたように、ぼくは仲間と茨城県の八郷(石岡市)で田んぼを借りて、農薬と化学肥料をまったく使わずに米を作っている。福島第一原発からは約150㎞だ。原発事故には動揺したけれど、2011年春に種を播かないという選択はありえなかった。例年と同じように、自分が食べる美味しい米は自分たちで作りたかったからだ。収穫後は放射性セシウムを測定し、幸い検出限界以下だったが、仮に数十ベクレルだったとしても、食べるつもりだった(もちろん、子どもなどが食べない権利も保証する)。自分が汗水流して作ったものだからだ。

最近は、若い人を中心に「半農半X」や「平勤休農」が広がり、都市部でも耕す市民はそれほど少数派ではない。市民農園人口は少なく見積もって200万人とも言われる。タキイ種苗が2017年2月に行ったアンケートによれば、日本人の約半数が家庭菜園経験者で、その満足度は86%だという。これが正しいかどうかはともあれ、ベランダ菜園・キッチン栽培も含めれば、自らが食べるものを一部でも作る人が相当な数にのぼることは間違いない。

その人気は2020年の新型コロナウイルスによる外出自粛以降、目に見えて高まった。タキイ種苗が20年7月に行ったアンケートによれば、自宅の庭やベランダ、市民農園などで野菜を育てている人の29・6%は、20年3月以降に始めたという。

こうした「市民農」たちは、自らの体験をとおしたり農業者に学んだりしながら、農業という仕事と農業者への共感を深めていく。そうなると、簡単には農産物との縁が切れなくなる。

ただし、農は元気だが、日本農業は青息吐息だ。では、農と農業はどう違うのか。辛口の農民作家・山下惣一は『農業に勝ち負けはいらない！』(家の光協会)で、こう語る。

「農業の土台が農、その土台の上での経済行為が業。端的にいえば、育てて食べて暮らすのが農、売るためにやるのが業[3]」

両者は本来一体だったけれど、過度の近代化＝経済利益の追求によって農が弱まり、業も維持できなくなってきた。多くの人が誤解しているが、農業は環境を守ってはいない。農業こそ最初の自然破壊であり、農薬と化学肥料に依存した近代農業はその極致である。一方で農は環境を守り、風景を創ってきた。農業が作る安い農産物は輸入できるけれど、農が創る環境は輸入できない。宇根豊(59ページ参照)も農業近代化の誤りに正面から切り込んで、農によって自

然と環境が守られてきたことを具体的な事例に基づいて明らかにしている。(4)

そして、農業も農もつぶすのが国益であるというグローバリゼーションのもとで、農業は危機に瀕しているのだ。これに対して農水省は大型農家だけを選別して農業の担い手にしようとしてきた。山下はそれを「農政が育てようとしているのは『農の業者』であり、『百姓』ならぬ『一姓』である」と喝破する。

農の力と市民の力は別々のものではない。一人の人間に農の力と市民の力が併存するのだ。耕す市民＝市民農と農業者の協働が新たな地域を創る原動力になり、原子力発電と化石燃料に依存した工業優先の高度経済成長社会を、自然エネルギーをベースにした第一次産業を重視する本来の持続可能な社会へ変えていくのである。

（1）日本有機農業研究会有機農業推進委員会「腐植がつなぐ森・里・海の「提携」ネットワークをつくろう――「流域自給」と「提携」から広がる有機農業」『土と健康』２０１０年7月号。
（2）明峯哲夫「『福島』から有機農業運動論の再構築を」公開シンポジウム『原発事故と有機農業』２０１３年2月。
（3）山下惣一『農業に勝ち負けはいらない！――国民皆農のすすめ』家の光協会、２００７年。
（4）宇根豊『天地有情の農学』コモンズ、２００７年。

Ⅵ

協同組合と都市農業

農業協同組合と都市農業をひとつの括りにまとめるのはやや無理があるだろう。だが、これまでの取り組みを見直すという意味で、ご理解いただきたい。

1の初出は農協関連誌である。農協への厳しい批判をしてきたぼくに執筆依頼があり、おおいに驚いた。これもまた、農協が変わろうとしているからかもしれない。ただし、ぼくはとても大事な本来の協同組合になってほしいから批判しているだけで、地域に根づいた複数の取り組みに期待もしている。

都市農業については法律が制定されて脚光を浴びるずっと以前から、注目してきた。近くに食べる人＝消費者がたくさんいるというのは諸外国にあまりない強みである。それを生かさない手はない。発想が豊かで技術も確かな若手も多い。2019年には「世界都市農業サミット」が練馬区で行われたし、都市で農業？ではなく、都市だからこそ農業！なのだ。

1 本来の農を育てる協同組合になってほしい

一　イメージの悪さと存在感のなさ

「自分たちの利害ばかり主張し、それを政治の力を借りて押し通す、古くさい組織」

これが、ふつうの人が農協(農業協同組合)にもつイメージである。大手マスメディアが垂れ流してきた一面的な報道の影響もあり、やや誇張されてはいる。農協陣営が反論したくなる気持ちは理解できるが、必ずしも間違ってはいない。

「農業を大切に思い、新しい活動を提起したり、農薬や化学肥料の健康や環境への影響とか有機農業の意義を話すと、嫌な顔をされる。農協とは、もう付き合いたくない」

これは、日本の農業を守り、農の応援団になろうという気持ちをもつ人たちの多くが、農協との若干の付き合いの結果としていだくイメージだ。そして、ひとたび悪い印象をもつと、それが増幅され、厳しい批判に転じる。本来の味方が敵になるのだから、こちらのほうがより大きな問題である。もっとも、農協関係者がそう自覚しているかどうかは、おおいに疑問だ。

もちろん、後述するように、市民とのつながりをもち、すぐれた活動をしている単協はある。だが、それらが農に関心ある市民に広く知られているとは言いがたい。情報の発信力が弱いからである。同時に、地域が違えば、農協関係者も知らない場合が多いのではないだろうか。かつて、自治体政策に詳しい政治学者の松下圭一は、市民のための新たな政策づくりに無関心な市町村を「居眠り自治体」と呼んだ。それに倣って「居眠り農協」がたくさんあると言っても、言いすぎではないだろう。

実際、日本各地で注目すべき農山村の取り組みを取材してきたなかで、農協が主体というケースに出会うことは非常に少なかった。大半の場合、農協の顔が見えないのである。また、有機農業に関してはきわめて冷淡であり、「農薬を使わなければ、見栄えがいい売れる農産物はできない」と平気で言う。思考がそこで停止して、最近の技術の進歩に学ぼうとしない。

以下では、それとは大きく異なる農協の活動を紹介したうえで、どう変わっていけばいいかを提言したい。

二 有機農業のまちの意欲的な農協が始めた新規参入制度

筑波山麓の茨城県旧八郷(やさと)町(現石岡市)は、有機農業が盛んなことで知られる。1970年代に、有機農業で自給を目指す「たまごの会」の農場ができた。その生産者が独立して有機農業を営み、彼らの周囲に徐々に新規就農者が増えていく。このほか、農的暮らしと自給的な生活技術を指導する「スワラジ学園」や経験を経た新規就農者のもとからも、定着して有機農業を行う若者たちが生まれてきた。

一方で、旧八郷町をエリアとするやさと農協（自治体は石岡市に合併したが、農協は合併していない）は、1976年の卵を皮切りに生協との産直に乗り出し、86年からは東京都の東都生協を中心に野菜へ力を入れていく（Ⅳの1参照）。

「生協は契約栽培の産地を求めていたし、われわれはちょうどタバコや養蚕からの転換の時期でした。それまでは野菜は出荷用としては少なかったけれど、契約栽培は価格が一定なので、生産者が積極的に参加したんです」（やさと農協職員として産直を進めてきた柴山進氏（1951年生まれ、現在はNPOアグリやさと代表））

生協は低農薬野菜を求めた。八郷は野菜産地ではなかったから、連作で土を酷使していない。土壌消毒の必要はなく、低農薬栽培は生産者に抵抗なかったわけだ。さらに、より栽培方法にこだわった野菜を出荷しようと考え、1997年に有機部会を創設する。12人のスタートで、他地域からの新規参入者にも加入を呼びかけた。農協として、非常に先進的な取り組みと言える。

その後、有機部会は着実に広がり、一時は対前年比20～30％の売り上げの伸びを続けていく。最近では、やさと農協の野菜販売額約6億円のほぼ2割を有機部会が占めている[(1)]。納入価格は慣行農産物の1・2〜1・3倍だという。出荷先は生協が6割、一般市場と外食産業関連が2割ずつだ。売り上げが多いのはネギ・レタス・人参。出荷品目数は季節ごとに6〜10、年間では約30になる。無農薬がむずかしいトマトやキャベツは作らない。

部会員は28組(町外出身者が21組)に増え、全員が有機ＪＡＳ認証を取ってきた(２０１０年代になって、独自に販売したいという理由で5組が休会)。時間と手間がかかる有機ＪＡＳ認証の取得は、生協やスーパーなど市場販売で有機農産物として認知され、正当な評価を受けるための、やむをえない選択だ。

なお、有機部会以外にも、消費者と直接提携したり、大地を守る会などの宅配事業体に出荷したり、さまざまなタイプの有機農業者が旧八郷町には存在する。柴山は「ぼくが知らない人もいるはずです」と断ったうえで、こう推測する。

「有機農業で生計を立てている生産者は約60人でしょう。三分の二以上は町外出身者です。毎年2〜3人は有機で新規参入しています。ただ、地元(の人間)はなかなか増えませんね。農薬や化学肥料に慣れた人にとっては、有機は大変だと感じるのでしょう」

そして、有機部会の存在が、全国でも例を見ない、農協が主体の有機農業にしぼった新規参入制度「ゆめファーム新規就農研修事業」(１９９９年発足)につながっていく(Ⅳの1参照)。この事業の立役者も柴山だ。仕事で都市部を訪れるなかで農業をやりたい非農家出身者の増加を感じていた彼は、その手助けを農協として行いたいと考えてきた。では、なぜ有機農業だったのか？

「新規の人はこだわりがないと続かない、有機農業なら将来もやっていけると思いました。もちろん、その前提は有機部会の存在。新規就農者と地元生産者には価値観のギャップがあるけど、有機の生産者なら、それを受けとめられる。それに、露地野菜がほとんどなので、投資も少なくてすみますから」

研修生は毎年一家族（年齢は39歳以下）、研修期間は2年（研修中の生活費についてはⅣの1参照）。家族に限定（入籍の有無は問わない）したのは、農作業は一人では困難であるとともに、独身者より継続の意志が強いと考えたためである。住まいはアパートを借りる。

研修生には、畑（二カ所計1・8ha の研修農場ゆめファーム）とトラクターや管理機などの農業機械が用意される。指導者は有機部会の先輩たち。農協に研修担当者はいるものの、常にそばにいて何でも教えてくれるわけではない。

「最初に何を作るといいかをはじめ、作物ごとに得意な部会員が教えますが、研修農場に顔を出すのは2週間に一回程度です。本人がいろいろ聞いて覚えるとともに、さまざまなネットワークをつくることが大切です。部会員は出荷の帰りに寄って、サポートしてくれます」（営農指導課の担当者）

1年目の4月から販売用に作付計画をたて、作物を育て、収穫する。わからないことがあれば、先輩有機農家に行き、質問し、研修農場で実践する。収穫した作物は農協を通じて出荷し、農協の独自資金分の研修費と資材経費を差し引いた額を、研修終了時に受け取れる。

生活費は保証されているとはいえ、なかなか厳しい条件だ。有機農業への憧れだけでは、とてもつとまらない。それでも、研修を終えた家族はすでに述べたように1家族を除いて、町内で有機農業に励んでいる。成功の秘訣は二つだろう。ひとつは、当初から本格的な栽培に携わり、理念だけでなく、経営も追求していることだ。もうひとつは、有機部会に加盟すれば売り先が確実に保証されていることである。

これまでの実績をみると、20代が多く、農業未経験者が大半を占める。

「何も知らない人のほうが伸びやすいかもしれません。すべてを吸収しますから。慣行農業をやっていた人は、その経験がじゃまになる場合がありますね。見栄えとか収量のギャップがあるためでしょう。たとえば11期生は完璧な素人でしたが、早くも5月には小松菜が出荷できました」(担当者)

研修終了後は畑を借り、家を見つけなければならない。畑は有機部会のメンバーが世話してくれることが多い。2年目になれば地元の付き合いができるから、空いている畑の情報も教えてもらえる。

「研修生は概して好意的に見られています。農協がやっているという信頼感があるし、新規の人への対応がやわらかいと思います。条件がよい畑がすぐに簡単に手に入るわけではありませんけど、畑はみんな見つかっていますね」(柴山)

もちろん、長年の産直の歴史があり、消費者が頻繁に訪れているがゆえによそ者を拒む雰気が少ないのは、言うまでもない。

東日本大震災が起こるまでは問い合わせが毎年20~30件あり(福島県に近いため、震災後は減少)、その半分ぐらいが実際に見に来た。書類提出の締切りが11月末で、面接は12月。有機農業志望者の間では相当に知られた存在で、新農業人フェアでも人気を集めている。

2006年12月に有機農業推進法が成立した。かつては「勇気農業」などと揶揄されたが、いまや有機農業の推進は国と自治体の責務なのである。しかも、農外からの新規参入者の多くは有機農業を志向している。やさと農協に続く農協がぜひ出てきてほしい。

三　農協とはいのち・食料・環境・暮らしを守り育む仕事

北海道の農業は1990年代以降、農薬と化学肥料を3割減らす「クリーン農業」をかかげ、2004年からは有機農業の推進にも積極的である。その原動力のひとりが、旭川市の西に位置し、1市3町をエリアとする、きたそらち農協の代表理事組合長を長く務めた黄倉良二氏だ。

北竜町の貧しい農家の次男として1939年に生まれた黄倉は、生家が莫大な借金をかかえ、中学校1年生のときから必死に耕してきた。「中学校も半分ぐらいしか行ってない」と言う。ようやく借金を返し終わった73年からは、物心両面で支えてくれた後藤三男八氏(当時の北竜農協組合長）の命で農協の理事になる（90年から北竜農協組合長）。

決して恵まれた生産条件ではなく、債務超過にもなっていた北竜農協を、黄倉は必死で建て直す。といっても、闇雲な生産増大や近代農法を追い求めたわけではない。バックボーンになったのは、後藤と、時を同じくして出会った自然農法のリーダー佐藤晃明氏の教えだ。

「地位と名誉と金とモノを求めるな」（後藤）

「人間の安全な食料を生産するのが農業の最大の役割だ」（佐藤）

当たり前すぎる教えである。しかし、胸を張ってこう言える農協関係者が果たして日本中にどれだけいるだろうか？

自ら自然農法で米を作る一方で、コクドのスキー場開発を阻止し、町ぐるみで減農薬米の生産や消費者との交流をすすめていく。1988年には、米価要求大会で青年部が「今後5年をめどに減農薬栽培を全作付面積の10％まで引き上げる」決議を行った。「生産者米価を上げろ」一点張りの米価運動のなかで、こうした決議が行われたのは非常に珍しい。以後、減農薬米の生産は急速に拡大し、現在では半数を占めている。

「コクドを断念させるのに10年かかった。そのときの合言葉は、山と森と水と緑を残すべえ。歴代町長には『北竜には何もない。だけど、開発しない勇気が評価される時代が必ず来る』と言ってきた」

北竜農協を含む8農協が合併して、きたそらち農協となったのは2000年。02年からその組合長となり、減農薬・減化学肥料栽培を広げてきた。黄倉の理念は、合併農協にも徐々に浸透してきたようだ。職員は「農協とは何か」と聞かれると、こう答える。

「いのち・食料・環境・暮らしを守り育む仕事です」

その後は、品質管理と新規就農支援に力を入れた。

品質管理といえば、誰がどうやって生産したかを追求できるという流行のトレーサビリティを想像するが、黄倉が大切にしているのはそこにとどまらない。きたそらち農協の品質管理とは、いのちの根源を生み出す真に豊かな食べものを作るために、水と土を劣化させず、意欲ある若い担い手を育てることを意味する。

新規就農に関しては、2002年に北海道拓殖大学・深川市と連携して、新規就農サポートセンターをつくった。地域の農場が研修ファームとなって研修生を2年間受け入れる。これまでに10人以上が近隣の農業法人などで働いたり、後継者がいない農家の経営を受け継ぐことを目指したりしている。これ以外にも、北竜町では6人が新たに農業の担い手となり、そのひとりは、有機JAS認証を取得したトマト栽培で大成功を収めた。また、Iターンした50代の夫婦は地域おこし協力隊として活躍したという。

北竜町の農業委員会憲章には、「生産性の高い農業の育成に努めます」と、ありふれた言葉が書かれている。しかし、同時に、生産性とは「人間の安全な食糧を生産する」こととも明記されているのだ。米価の下落で、管内の大半を占める稲作農家が苦しいのは事実である。それでも、近代化農政の権化である「生産性」を読み替えることによって、環境を保全するための農業にとどまらず、「いのちをもっとも大切にする農業を保全するための環境」づくりに挑戦を続けてきた黄倉の精神は、受け継がれている。

四　本来の精神に立ち返る

このほか愛媛県今治市の今治立花農協（エリアは立花地区のみで、市域の大半は合併農協）は有機農業研究会の事務局を担い、1983年以来、地元の有機農産物を学校給食に提供している。さらに、幼稚園を設立して早くから食農教育を行うほか、減反で休耕された農地を借り上げて、意欲をもつ農家に貸し付けたり、地元産大豆で豆腐を開発したりしてきた。

新潟県阿賀野市（旧笹神村）の笹神農協（やさと農協と同じく、自治体は合併したが、農協は合併していない）は1980年代から生協との産直を始め、「土づくりは村づくり」を合言葉に有機質堆肥の利用を進めてきた。また、単なるモノの交流にとどまらず、生産者は農業によって地域の環境を守り、消費者は食べ支えることで環境保全に参画するという相互の役割を明確化する。そうした深いつながりがあるから、多くの組合員や役職員が訪れ、年間3000万円規模のグリーンツーリズムに成長したという。

横浜市全域をエリアとする横浜農協は、准組合員を「横浜農協を支えるパートナー」として重視する。都市部において、地産地消や農との触れ合いが、新住民に農業・農地の価値を理解してもらうのに大切と考えているからだ。規制改革推進会議や財界は准組合員の利用を制限しようとしたが、横浜農協では准組合員のほうが多い。したがって、地域住民に開かれた「地域協同組合」にならざるをえない[2]。小規模な直売所「ハマッ子」を市内各地に展開し、地元産野菜を使った准組合員対象の料理教室や農業体験講座などを行ってきた。

いうまでもなく、農協とは農業者の協同組合である。だが、その意味をどれだけの農協関係者が真剣に考えているだろうか。農業者と農協について話すと、購買事業と信用事業に偏り、営農指導事業に力が入っていないことを、大半が批判する。農水省が２００８年に２５００名の農業者に行ったアンケート調査(回答は２１０２名)でも、「農業協同組合事業のうち、最も強化してほしいもの」という質問に37・4％が営農指導事業と答えた。信用事業は４・３％にすぎない。この結果からも、組合員のニーズに応えていないのは明らかではないか。

営農指導に消極的なのは、端的に言って儲からないからだ。しかし、儲からないこともやるのが協同組合の精神である。いっそのこと「ＪＡ」という何を意味するかがすぐにわからない呼称をやめて、常に「農業協同組合」と表現し、自らに協同の意味を言い切かせつづけてはどうだろうか。

ここで紹介した農協は、市民のニーズに応えて安全な食べものを作り、環境を守り、非農家出身で農業に意欲をもつ新規就農者を育てる事業を行っている。それは広義の営農指導事業にほかならない。こうした活動を行って初めて、普通の市民の共感を得られ、その結果として農協へのイメージが変わるだろう。同時に、急速に増えている「耕す市民」とともに、新たな農の世界を切り開いていこう。農協法第3条2項は、「農民」を「自ら農業を営み、又は農業に従事する個人」と規定している。この規定を「自ら農に従事する個人」と読み替え、「耕す市民」を農民の仲間に入れようではないか。

周知のとおり、「新しい公共」の担い手は市民であり、NPOである。NPOとは、都会の市民活動団体を指すわけでは決してない。本来の農協や生協、そして地域の自治会など、言い換えれば、儲け(私的利益)や一部の仲間の利益だけではなく「みんなの共益」を目指す組織が、NPOである。国際協同組合年を経たいまこそ、農協は変わらねばならない。いつもは自分たちの利益ばかり重視して、地球と地域の環境を大切にする本来の農業を広げようとせず、TPPのような問題が起きたときだけ一緒に反対してほしいと言っても、多くの人びとの共感は得られない。

(1)小口広太・靍理恵子「多様な農の担い手」澤登早苗・小松﨑将一編著、日本有機農業学会監修『有機農業大全――持続可能な農の技術と思想』コモンズ、2019年。
(2)高橋巌「都市農協の重要性と准組合員問題――横浜農協における「農的事業」展開の事例から」高橋巌編著『地域を支える農協――協同のセーフティネットを創る』コモンズ、2017年。

2 都市農業の新たな地平

一 地産地消で消費者とつながり高収入、独自の販路開拓も

規制改革推進会議や官邸からの一連の農協バッシングを見ていて、1980年代後半の異常な都市農業・農地攻撃を思い出したのはぼくだけではないのではないだろうか。当時、輸出依存型経済からの転換を謳った前川レポートは、内需が小さいのは地価が高いからだと述べ、都市農地を生贄とした。どちらも、米国発の言われなき難癖が発端である。マスメディアの便乗も農協バッシングと同様で、その刷り込みによって、日本人の多くは「都市に農地はいらない」と考えていた。法的にも都市農地は「宅地化すべきもの」とされ、農政から排除されてきたのである。

だが、バブル経済が終焉し、低成長時代を迎えるなかで、人びとの意識は大きく変わっていく。たとえば2015年度のインターネット都政モニターアンケート結果によれば、「東京に農業・農地を残したいと思いますか」(対象500名、回答率95%)という問いに対して、85・5%

が「残したいと思う」と回答している（05年度は81・１％、20年度は82・８％）。そして、周知のとおり都市農業振興基本法で、「農産物の供給機能」が本格的に謳われた。前述のアンケート結果でも、期待する役割や機能のトップは「新鮮で安全な農畜産物の供給」だ（62・９％）。

　練馬区は東京23区で農地面積がもっとも広い（38ページ参照）。４２９戸の農家のうち農地面積１ha以上は８％だが、農業収入５００万円以上は13％。６割が直売を行い、73％が将来も農業を継続しようと考えている（２０１４年度）。40歳未満の後継者も少なくない。東京都全体では、専業農家率が33％で全国14位、基幹的農業従事者の平均年齢は8番目に若い。耕作面積は小さいものの、一戸あたりの農業産出額は24位である（16年度）。こうした数字は、消費者に囲まれて農地があるのだから、農業スタイルしだいで展望が明るいことを示している。実際、この30～40年で大きく変化してきた。

　１９８０年代の練馬区は、キャベツ畑ばかりが目についた。Ｉの三で紹介した都市農業のリーダー的存在である白石好孝が就農した78年、１・６haの畑の90％でキャベツを作って市場出荷していたと言う。母の小規模な引き売り以外、直売はなかった。その後、「食べる人の後押しを得られなければ長続きしない。消費者ときちんと向き合おう」と考えて、経営を大幅に転換する。

　２０１５年の１５００万円近くの粗収入の内訳は、農業体験農園40％、庭先販売20％、ＪＡ直売所14％、ブルーベリー摘み取り園８％、地元スーパー７％、直営レストラン６％、区内レストラン3％、学校給食2％（1・6ha、労働力は夫婦、両親、パート1〜3人）となった（長男が就農した現在は、これよりずっと多い）。売り上げはすべて練馬区内。完璧な地産地消で、野菜もおカネも地域で循環する。都市農業のモデルケースだ。

東京都が実施した野菜作を中心とする認定農業者を対象とした調査では、直売関連の売上げに占める割合は75％である（2011年度）。横浜市でも、販売農家約2000戸の半数が直売を行っている。かつては、消費者とのつながりづくりが新しい取り組みだったが、いまはそれが当たり前である。

白石たちの一回り下の世代では、農産物の商品としての価値を高め、収益性を求める傾向が表れ始めている。交流型農業から品質追求型プロ農業へと言えるだろう。

サラリーマンから転身した30代の男性は、練馬区でイチゴの養液栽培を始めて間もない。「限られた面積で収益を上げるにはイチゴかトマトと考えた」と語る。先進農家を訪ねて指導を受け、独自に技術を磨いた。イチゴが育つ最適な環境をつくるための研究に余念がない。

新設のハウスは13a。すべて直売で、その7割がハウス横の小さなスペース。私が訪ねたのは平日の午後だったが、ひっきりなしにお客が来る。それに合わせてパートの女性が摘み取り、きれいにラッピングする。市場出荷ではありえない完熟だから、本当に甘い。口コミとフェイスブックやツイッターで美味しさの評判が広がり、遠くからも買いに来るそうだ。

さらに、レストランでのイベントも仕掛けてきた。就農後すぐの時点から、少量栽培しているイタリアントマトや新たに始めたオリーブと合わせて、練馬区に飲食文化を育てたいと意欲的だ。地元の飲食店スタッフは、農産物を手に入れるため、頻繁に畑を訪れる。そこは貴重な情報交換の場でもある。

一方で、農業体験農園とは異なる交流型を目指す動きもある。調布市の京王線の駅に近いブドウ園を継いだ30代の女性は、主に販売やイベントを担当。以前からのブドウのもぎ取りに加えて、新たに植えたイチジクや原木椎茸のもぎ取り、庭の一画の竹の子掘りなどを始めた。今後は、栽培がブドウより楽で農薬をあまり使わなくてすむキウイやブルーベリーを増やしていく。農業体験イベントを手掛ける会社と組んだ料理体験イベントも行っている。たとえば、掘りたての竹の子で作るガレットとスープ、マッシュポテトやポテトチップスを作る「ジャガイモ尽くしの旅」など。

「素材の新鮮さとアクセスの良さが、ウチの売りです。企画やアイデアの源は、卒業した美術系の大学や就農前3年半のデザイナーの経験が生きています。モノだけを売るのではなく、サービスを売る時代でしょう」

二　都市農業の法的位置づけの変遷

農業基本法（1961年）では、都市農業の規定はなかった。基本的に建設省（当時）の管轄で、都市農地は「宅地化すべきもの」とされたのである。「なくなってほしい存在」だったと言っても過言ではない。「都市計画の遅れ」とも言われた。食料・農業・農村基本法（1999年）でようやく第36条に位置づけられたが、それは農村振興のひとつであった。重視されたのは、生産振興より交流機能である。第36条は次のとおりで、タイトルは「都市と農村の交流等」だ。

「国は、国民の農業及び農村に対する理解と関心を深めるとともに、健康的でゆとりのある生活に資するため、都市と農村との間の交流の促進、市民農園の整備の推進その他必要な施策を講ずるものとする。

2　国は、都市及びその周辺における農業について、消費地に近い特性を生かし、都市住民の需要に即した農業生産の振興を図るために必要な施策を講ずるものとする」

都市農業振興基本法（2015年）で初めて本格的に振興の対象となる。ここで、「宅地化すべきもの」から「あるべきもの」として計画的に保全する存在へと大きく変わったわけだ。第3条の基本理念は優れた内容なので、やや長いが引用したい（傍点筆者）。

「都市農業の振興は、都市農業が、これを営む者及びその他の関係者の努力により継続されてきたものであり、その生産活動を通じ、都市住民に地元産の新鮮な農産物を供給する機能のみならず、都市における防災、良好な景観の形成並びに国土及び環境の保全、都市住民が身近に農作業に親しむとともに農業に関して学習することができる場並びに都市農業を営む者と都市住民及び都市住民相互の交流の場の提供、都市住民の農業に対する理解の醸成等農産物の供給の機能以外の多様な機能を果たしていることに鑑み、これらの機能が将来にわたって適切かつ十分に発揮されるとともに、そのことにより都市における農地の有効な活用及び適正な保全が図られるよう、積極的に行われなければならない」

都市農業振興基本法に基づいて、2016年に都市農業振興基本計画が閣議決定された。そこでは、担い手の確保、土地の確保、農業施策の本格的展開が謳われている。担い手については、①営農の意欲を有する者（新規就農者を含む）、②都市農業者と連携する食品関連事業者、③都市住民のニーズを捉えたビジネスを展開できる企業などが例示されている。したがって、後継者のみならず新規参入者やNGO、福祉団体なども対象となる。ここでは、短期的利益をもくろんでスーパーやコンビニはじめ食品関連企業が参入し、数年で撤退して農地が荒れたり耕作放棄地になったりする可能性に注意しなければならない。

さらに、2017年には生産緑地法が改正され、いっそうの変化が起きる。第一に、生産緑地地区の面積要件が500㎡から300㎡に緩和された。第二に、生産緑地地区に設置可能な建築物として、農産物加工施設や直売所、農家レストランが追加された。後者は、国家戦略特区諮問会議の要請も影響しており、農地の商業的利用が進む恐れもあるが、農家の主体的経営に道を開くものでもある。このほか特定生産緑地制度も導入されたが、ここでは詳しく触れない。

三　都市農業の役割と必要とされる新たな政策

　都市農業には多面的な役割（機能）がある。農水省は①新鮮で安全な農産物の供給、②身近な農業体験・交流活動の場の提供、③災害時の防災空間の確保、④やすらぎや潤いをもたらす緑地空間の提供、⑤国土、環境の保全、⑥都市住民の農業への理解の醸成の六つに整理している。どれも重要であるが、ぼくはとくに①と②を重視したい。①は都市農業振興基本法の制定まで相対的に軽視されてきたからであり、②は21世紀に入って以降の一般市民の農への欲求に的確に応えるからである。

　第一の役割（機能）は、新鮮で相対的に安全な食料の生産と直接販売、すなわち地産地消だ。あまり知られていないが、２０１０年に制定された「地域資源を活用した農林漁業者等による新事業の創出等及び地域の農林水産物の利用促進に関する法律」（通称：六次産業化・地産地消法）という法律がある。農業の振興を目的とし、地産地消は国の政策でもある。余談になるが、筆者が２００５年に『地産地消と循環的農業――スローで持続的な社会をめざして』（三島徳三著）という本を創ったとき、複数の書店から「ちさんちけし……という本を注文します」という電話を受けた。わずか15年前のできごとだ。隔世の感がある。

　たとえば、東京都の農家の販売金額の47・8％は消費者への直接販売（卸売市場は17・1％、農協は16・7％、２０１５年農林業センサス）だ。また、練馬区の農地面積に占めるキャベツの比率は、1998年の40％から2008年には20％に半減し、その他の野菜が倍増した。これは直売所の大幅な増加を意味している。さらに、横浜市の野菜生産量は約70万人分（島根県・鳥取県の全人口より多い）で、直売所は少なくとも100カ所にものぼる。「シェフが本当に欲しい野菜」を栽培して地産地消を目指す「さいたまヨーロッパ野菜研究会」（さいたま市内の若手生産者13名）は有名だが、最近では各地でレストランシェフから地元野菜を欲しいというニーズが急増している。

第二の役割（機能）は、農業体験農園の設置・経営である。農業体験農園は言うまでもなく都市住民のレクリエーションになり、農家の経営に資するし、農地の保全にも役立つ。少し前の練馬区の農家の調査では、農家の平均粗収入は10ａあたり113万円。キャベツを年間2回転作付けしたときの50万円や直売での80万円を大きく上回る。一方、生徒（住民）は年間約4万円（当時）の受講料で近隣スーパーの販売価格にして平均8万円相当の野菜を収穫できたという（練馬区の事例）。しかも、都市生活者（とくに定年後のサラリーマン）には趣味をとおしたゆるやかなつながり（人間関係）が生まれる。加えて、都市に農があることの価値を伝え、都市農業の応援団を醸成するという重要な意味をもつ。

もちろん、緑地空間（や親水空間）の提供によってやすらぎや癒しをもたらし、環境を保全する。低農薬や無農薬農業であれば生物多様性が生み出され、水田であればヒートアイランド（都市部の高温化）の緩和に役立つ。学校農園や給食への食材提供による教育的機能や、精神障がい者、高齢者にとっての園芸療法や農福連携は誰もが指摘している。

緑とオープンスペースの存在が災害時の緊急避難場所や樹木による火災延焼の遮断に果たす役割については、すでに関東大震災や阪神・淡路大震災で実証された。都市部では、公園を新たにつくるより農地を保全するほうがずっと安上がりだ。そして、水田は貯水によって洪水の抑制の多大な効果がある。

では、都市農業を守り育てるうえで、どんな政策が新たに必要とされるだろうか。ここでは、あまり言及されてこなかった点にしぼって指摘したい。

①消費者のニーズに応える有機農業・環境保全型農業の推進(技術研修、販売促進)
②直売所・ファーマーズマーケットの設置の推進(公有地の貸与、一定の補助)
③学校給食への地場農産物の導入(供給の仕組みづくり、地元青果店との調整、首長の意思)——四で詳述する。
④低農薬・無農薬を前提とした農業体験農園、特色ある市民農園(水田を含む)の設置
⑤人を育てる

たとえば、農業に関心をもつ市民向け講座、援農ボランティア(有償)の育成によって、耕作継続や多忙時の労働支援を行う。新規参入者向けには、横浜市のチャレンジファーマー支援事業のような制度を設ける。横浜市では研修と農地の斡旋によって10年間で90人の新たな農業者が誕生した。

⑥緑農地制度の創設
都市計画において、市街化区域内の農地、農業用施設用地、屋敷林を、農業振興を図り、保全すべき緑地として明確に位置づける
⑦市街化区域内農地の賃貸借の促進
耕作放棄地を対象に賃貸借を行った場合でも相続税納税猶予の継続が認められるようにする。また、利用権設定を促進する。そこでは面積要件は設けず、契約期限がくれば返還するようにする。もちろん更新は可能とし、返還する場合は、市区町村、農業委員会、農協が新たな農地を積極的に斡旋する。なお、年に1〜2回はうなったり草刈りを行っていて畑に戻しやすい（利用しやすい）農地を選ぶとともに、有機栽培や自然栽培など新規就農者の個性を尊重してほしい。
⑧食と農のまちづくり条例の制定
今治市の条例が格好のモデルとなる。そこでは、食と都市農業を基軸としたまちづくりについての基本理念を定め、市区町村の責務と市民、農業者・食品関連事業者の役割を明らかにする。そのまちづくりは、地域の食文化と伝統を重んじ、地域資源を生かした地産地消を推進して、食料自給率の向上と、安全で安定的な食料供給体制を目指すものでなければならない。さらに、安全な食べものを生産しようとする者は農家・非農家問わず都市農業の担い手として位置づける。

四　学校給食と都市農業

地元産農産物の割合を増やすのは国の方針

２００５年６月に食育基本法が成立し、06年には食育推進基本計画が策定された。そこでは、「学校給食における地場産物等を使用する割合を増やす」が目標に掲げられ、15年度に策定された第三次食育基本計画では、15年度の26・9％から20年度までに30％以上にすることを目指している。また、地場産物等を「生きた食材」として位置づける。そして、「地域の自然や文化、産業等に関する理解を深めるとともに、生産者の努力や、食に関する感謝の念を育む上で重要である」(「食育の推進に当たっての目標」)としている。ただし、ここでいう地場産物等とは同一都道府県産を指し、真の地場産物とは言い難い。地場産物の使用割合は04年度の21・2％から微増にとどまっている。

一方、都市農業振興基本計画では、「講ずべき施策」のひとつとして「農産物の地元での消費の促進」が掲げられ、「学校給食等における地元産の農産物の利用の推進のため、生産者と関係者の連携の強化」が明記されている。そこでの課題は「地場農産物の安定供給」で、その解決のために地場農産物を「単に食材として使用されるということではなく、地域の農業への理解促進を含む食育の一環として行われるものであるとの認識の下、学校給食に関係する者が連携して取り組む必要がある」という。この認識は正しい。

さらに言えば、学校給食における地元産農産物の利用は、食育としてのみならず地域農業の振興という面で大きな意味をもつ。実際、多くの市町村で市場価格よりも高い価格で取引され、安定した需要と合わせて農業者のメリットは大きい。直売所やインショップと比べると荷造りも楽である。問題は、配送の仕組みをどのように整えて生産者の手間を省き、荷姿の面で栄養士や調理員の負担をどう軽減するかだ。

都道府県別地場産物活用状況（２０１４年度）を見ると、利用率20％未満が７都府県で、東京都、神奈川県、大阪府など都市部が低い。そうしたなかで、東京都の小平市（人口約19万５００0人）は小学校29・０％、中学校30・３％（17年度）、日野市（人口約18万７０００人）は小中学校27・２％（17年度）と高い。両市はとくに農業が盛んなわけではない。ともに全域が市街化区域であり、農家戸数は３００戸台、総戸数の０・４％程度にすぎない。

約15年間で急増●小平市

小平市では１９９３年に「小平市都市農業基本構想」を策定し、都市農業の振興に本格的に取り組んだ。２０００年代以降は、農業体験農園や学童農園、援農ボランティア事業、農産物直売所の整備、そして学校給食への地場農産物の供給などが行われていく。地産地消の拠点は、ＪＡ東京むさしが運営する農産物直売所「小平ファーマーズ・マーケット」である。(1)

学校給食については、前述の基本構想にある基本方針の「都市型農業経営の確立」における「地場流通の促進」で「学校給食への供給拡充」が掲げられた。当初から、都市農業振興の一環とされていたのである。小平市の農業はもともと市場出荷中心だったが、市場単価が伸びず、農地の減少もあって、直売重視へ転換したという。

２００９年度からは「小平市立小学校給食地場産農産物利用促進事業」（以下「利用促進事業」）を実施。農業予算を学校長の給食会計に補助金として交付し、食育の推進と農業振興を図っている。さらに11年度以降は、地場農産物の安定供給と配送システムの確立を目指して、「地産地消推進事業」を実施。ＪＡ東京むさしを補助対象として、市内農家から給食の食材を調達し、各小学校に配送する体制を整備した。

こうした方針には２００５年に就任した小林正則市長の考え方が反映している。市長は09年の再選時の公約に「小学校給食地場農産物導入率30％」を掲げた。地場農産物利用率は、04年度の2・3％から、09年度の12・7％、13年度の21・0％、17年度の29・０％へと急増していく。なお、学校栄養士の意欲によって、学校ごとにばらつきは見られる。

「利用促進事業」の予算額は、生徒数×６００円（２０１５～17年度）～４００円（19年度）、補助率は5分の1、補助金額は約５５８万円（17年度）～３８７万円（19年度）だ。漸減しているのは気になるが、食材の安定的な受け皿を整備するという点で、生産者への補助金より有効な補助金と言えるだろう。「地産地消推進事業」の予算額は１４０万円程度で、車両リース料など、食材の配送に関わる人件費や燃料費、地産地消推進のPR事業に充てられている。

地場産の使用品目は50品目以上にのぼり、「重点品目」として13品目を指定している。自給率が高い順にベスト5（2016年度）を挙げると、ホウレンソウと里芋94％、小松菜91％、人参87％、玉ねぎ82％だ。農薬はなるべく使いたくないという農家が多いが、ＪＡとしては初期防除は勧めているという。ある農家によれば、「小学校からも虫だけは出さないようにしてくれ」と言われるそうだ。

小学校給食はすべて自校方式を採用し、各校自ら食材を調達している。中学校はセンター方式だ。地場農産物の導入は、各学校と生産者が相対で直接契約・納入する方式（以下「個別方式」）とＪＡ東京むさしが契約・納入する方式（以下「団体方式」）の二種類がある。

団体方式の場合、配送業務はＪＡが請け負う。農産物は小平ファーマーズ・マーケットに集められ、各小学校に配送する。生産者からの依頼でＪＡが集荷を行うパターンと、生産者が直接持ち込むパターンがある。生産者はファーマーズ・マーケットへの出荷物と一緒に届けることができる。ＪＡが集荷する場合は、別途手数料が取られる。集荷も含めると、団体方式で学校給食に出荷する生産者は50戸を超えるという。集荷があり、自ら配送しなくてよいので、小規模の兼業農家でも出荷でき、都市農業と農地の存続につながる。

集荷した農産物は雇用したパートが小学校と中学校給食センターに車両3台で配送している。「利用促進事業」の補助金があってもＪＡの持ち出しになっていると担当者は語るが、地域農業の振興にとって大切な仕事と考えている。目先の収益だけでは判断していない点に注目したい。JAは小学校との契約、配送や受注、出荷調整、請求、清算などの事務的業務、生産現場の動向や小学校が必要としている野菜などの情報の共有、農産物の取りまとめを行う。こうして生産者の負担を削減している。生産者と栄養士の間に入って食材の規格など目合わせ会や意見交換会を行うなども含めて、JAの果たす役割はきわめて大きい。

小平市の取り組みの特徴は個別方式と団体方式の共存である。生産者は自らの事情に合わせて有利なほうを選択できる。

個別方式は、団体方式に比べて生産者と小学校・児童との顔と顔が見える関係性を構築できるし、集荷場所より小学校が近ければ、配送が楽で、手数料の支払いもいらない。ただし、一農家が直接契約して出荷できるのは4～5校が限界だから、総量は伸びにくい。しかも、近隣の意欲的生産者の有無によって小学校ごとの地場農産物の利用率にばらつきが生まれるし、校長や栄養士が変わると継続が難しくなるケースもみられる。市町村全体での地場農産物利用率はなかなか向上しない。

一方、団体方式では、一定規模の生産者は近距離の小学校には自ら契約を結んで納入し、遠方の小学校には団体方式でJAをつうじた納入ができる。このシステムを知った新たな生産者の確保にもつながる。実際、小平市では学校給食への供給を重視する生産者が増えた。小学校側も個別方式でつながってきた生産者との関係性を継続しつつ、それ以上の量やその生産者が栽培していない農産物が必要になったときは、団体方式をつうじて確保できる。

両者の共存は、生産者と小学校双方がかかえていた課題を解決したと言ってよい。こうした柔軟な体制をＪＡがとっている意義は大きい。団体方式を導入して以降、地場農産物の利用率は増大した。

ＪＡの担当者は「利用促進事業」の補助金を「需要喚起型」と表現した。学校給食という新しい農産物市場をつくり出すことで地域農業の生産振興につながっているので、的確な表現と言ってよい。なにしろ、小学校への納入金額は年間1億円弱になる。補助金を生かしつつ、自治体行政（産業振興課と給食センター）・ＪＡ・生産者の連携体制をつくりあげたことが小平市のもうひとつの特徴である。その取り組みへの注目度は高く、市役所への視察は多い。

「他地区の農家から、給食のことはとてもよく聞かれます。ここを羨ましがっている生産者はいっぱいいますよ」（ＪＡ担当者）

食育条例で目標を提示●日野市

日野市の地場農産物の学校給食供給事業は１９８３年度に始まり、40年近い歴史がある（全校で実施されたのは２０００年度から）。18年度現在、17小学校と8中学校の約1万３５００人が地場農産物を使った給食を食べている。[2] 参加農家数は42、地場農産物利用率は29・8％である（17年度は27・2％）。この事業は一人の栄養士の熱心な働きかけによって始まった。

小平市は野菜と果物だけだが、日野市では米、卵、少量ながら大豆も含まれる。東京都の自治体の農業は野菜が中心で水田は少ないため、地場産米が給食に提供されるケースは非常に少ない。日野市の農業はバラエティに富んでいて、稲作や大豆栽培も行われている。同じ都市農業でも、近畿圏や東海圏は水田がかなりを占め、仕組みしだいでは地場産米利用率が上げられる。

日野市の取り組みを担保するのは、日野市食育推進計画と日野市みんなですすめる食育条例(2009年施行)だ。この条例は単なる理念条例ではない。第4条で「市の責務」として、「学校給食での日野産野菜利用率25%の達成」という目標を掲げ、そのために、教育委員会、学校、農業委員会、農業者、東京南農業協同組合との連携の推進を定めている。

これにもとづいて毎年度初めに、各学校の栄養士と農業者、農協担当者、市(教育委員会学校課、都市農業振興課)が集まり、取り扱う品目や納品規格などを話し合い、各学校長と地区別代表農業者が契約を結ぶ。ここで特徴的なのは、2008年度に設けられたコーディネーター制度だ。市内には農業が盛んな地区もあれば、そうでもない地区もある。そうした地区を超えた供給調整や、栄養士・農業者双方からの要望に対応する。現在の委託先は日野市企業公社で、市役所OB・OGが担っているが、今後は食と農業に精通したNPOへの委託も視野に入れるべきだろう。

予算措置は学校給食用野菜等供給事業補助金と学校給食供給支援事業の二つに分けられる。

前者は「児童・生徒の健康に配慮し、農薬及び化学肥料の使用量を低く抑えて生産した野菜等を納入することや、清潔な物資の運搬をするための事業」で、堆肥づくりも含まれる。低農薬農業を促している点に注目したい。２０１９年度は３２０万円である。

後者では農業経営者自らに低農薬農業を促している。２０１９年度は、高齢化した生産者の負担を軽減するためＮＰＯに委託する運搬支援業務委託料（２６９万円）、コーディネート業務委託料（約81万円）、育成事業補助金（32万円）、契約栽培支援事業奨励金（約４６２万円）である。

契約栽培品目は８つで、２０１８年度の供給量のトップ５はジャガイモ、大根、人参、長ネギ、小松菜である。供給品目のトップ30を見ると、15位に米が入っているほか４種類の果物が含まれているのが目を引く。出荷は野菜等生産組合が行う。

成功のポイント

このように学校給食への地元産農産物供給事業は、小平市では都市農業基本構想、日野市では食育推進計画や条例に位置づけられている。供給が安定しているのは、重点品目や契約栽培品目を定めているためである。いずれも、市（産業振興課や都市農業振興課）と教育委員会、学校、生産者（農協）が深く連携している。ここに成功のカギがあるだろう。補助金額は、小平市が約６２０万円。日野市が約８４４万円と、日野市のほうが多い。これは、運搬支援業務の委託料の差とコーディネート業務委託の有無による。

両市のシステムのいずれが優れているかは一概に言えない。地域の事情によって変わってくるからだ。ただし、学校給食への地場産農産物供給事業が成功するためには以下の点が不可欠なことは間違いない。

①具体的な数値目標の提示

日野市では条例で、小平市では市長の選挙公約で、それぞれ述べられている。これについては条例や基本計画で述べるべきである。

②関係機関の連携

たとえば、生産者が熱心であっても農協や行政、学校が呼応しなければ、システムが形成できず、個人の努力に終わり、長続きしない。これは、地場産有機農産物による学校給食が成功しづらい理由でもある。

③実効ある条例の制定

条例は国で言えば法律である。首長が変わっても、当該政策の継続は担保される。都市農業振興(推進)条例でもよいが、ベストは学校給食への地場産農産物供給事業や安全・安心な地域農業(有機農業)をまちづくりの一環として位置づけることだろう。ここでも、今治市が参考になる。

五　地域づくりへの目線と活動を

都市住民の農へのニーズは多様化してきた。本格的に耕したい人たちだけでなく、「お手軽な農」も求められている。たとえば、「2～3坪の小面積で、草取りなどのサービスをしてもらいたい」「大豆を播いて、枝豆を食べたいし、味噌も造りたい」という要望もある。そうしたライトユーザーへ対応する農業体験農園もあってよいだろう。都市農業が盛んな横浜市のある職員は言う。

「都市農業に追い風が吹いているのは確かだが、実際には後継者不足で農地利用の空洞化が進行し、宅地にも駐車場にも転用できない。農業体験農園運営のノウハウを支援していく必要がある」

各地で熱心な若い農業者が増える一方で、耕作されない農地も目立つ。二極分化が進んでいるのだ。これからは、白石らが切り拓いた交流型農業と、次世代による品質・利益追求型農業が併存していくだろう。後者は個別経営の工夫に長ける反面、課題もある。それは、農のある地域づくりへの意識が弱いことと、欧米で盛んなCSA(Community Supported Agriculture 地域で支え合う農業)がほとんど取り組まれていないことだ。さらに有機農業が少ない。耕作されない農地に対しては、住民の耕作したいという志向に応じた自治体の柔軟な施策が求められる。

そして、両者を貫くべきは、短期的に強い農業ではない。経営的にも環境的にも持続可能な農業である。白石の端的な言葉を改めて紹介しよう。

「儲からない農業はダメです。だけど、儲けるだけの農業はもっとダメなんです」

（1）小平市についての記述は2017年9月5日に小平市役所経済課、19年3月19日にJA東京むさし小平支店経済課、20年2月10日に小平市役所産業振興課、学務課（給食担当）、JA東京むさし小平支店へ行ったインタビューに基づいている。なお、小口広太「学校給食と連携した都市農業の振興とその意義：東京都小平市を事例として」（未発表論文）も参照。

（2）日野市都市農業振興課「日野市の農業――日野市の学校給食における農産物供給事業」2019年。

Ⅶ

自治体職員・首長へのメッセージ

日本の市町村の多くでは、いまも農業や農林漁業が重要な産業ないし生業である。それは決して、中山間地域に位置する市町村だけではない。

ここではおもに市町村の熱心な職員や幹部、首長を念頭において、地域が元気になるためには今後どのような政策が必要とされているかをまとめてみた。それは一見、現状とはかけ離れていると思われるかもしれないが、社会は間違いなく、こうした方向に動いている。東日本大震災とコロナ禍は、それを加速した。

高齢化と人口減少が進むなかで、福祉・医療、環境、食料と自然エネルギーの自給などの課題に対応するためには、ローカリゼーションが求められている。キーワード的に言えば、情報から生命／生活へ、であろう。過疎と呼ばれる地域の出番でもある。新たな政策で「一周遅れのトップランナー」になろう。

1 震災復興が語る農山村再生

中越大震災から10年が経った２０１４年の12月に、知人の案内で大きな被害を受けた二つの地域を訪ねた。十日町市最北部の池谷(いけたに)集落と旧山古志(やまこし)村(現在は長岡市)だ。池谷は１９６０年の37世帯２１１人から、震災直前には8世帯22人まで減少していた。その過半数が65歳以上である。いわゆる「限界集落」だ。震災では全家屋が半壊以上の判定を受けたという。これをきっかけに、廃村になってもおかしくなかっただろう。

だが、復興支援や援農で多くのボランティアが訪れ、集落の「宝さがし」イベントが行われて地元の魅力を再発見するなかで、住民たちは「村を残そう」と考えた。そして、支援者とともに、①消費者と直接つながる農業、②本音の付き合いでイベント交流、③住居・仕事・所得の確保などを柱とする地域復興デザインの計画をつくりあげていく。そこでは、廃村となった隣接集落出身者がコーディネーターとして多くの役割を果たした。

２００６年度からは棚田で栽培した「山清水米」の直販が始まり、13年度に10トンを超えた。農家の手取りは一俵2万４０００円だ。この販売には移住者の貢献が大きい。休校となっていた小学校は修復されて宿泊もできる「やまのまなびや」として蘇り、手打ちそばが人気の民宿も開業した。さらに、地域おこし協力隊の一家4人や若い女性が移り住み、9世帯22人に。次の移住者用に住宅も新築する。関係者の間では「奇跡の集落」と呼ばれている。

全村避難で有名になった山古志は、長岡駅から中心部まで車で約30分。池谷と同じく、平均3ｍの雪が降る。人口は大きく減ったが、移転先から農作業に通う住民は少なくない。生活の便のために住居は移っても、田畑や農作業へ深い愛着があるからだ。田畑や里山が保たれ、耕作放棄地（正確には耕作断念地）にならなければ、洪水やなだれの防止に大いに役立つ。

しかも、山古志では、震災後に二つの住民主体の農山村ビジネスが生まれた。アルパカ牧場と農家レストラン多菜田（たなだ）である。

縁あって寄贈されたアルパカはラクダ科で、牛の仲間。闘牛が盛んな土地柄だから、飼育に問題はない。施設に手間をかけない代わりに入場料は無料にし、餌を買ってもらう。おみやげやサービスは地域全体で提供する。土・日には1000〜2000人が訪れる観光スポットが誕生した。アルパカはリースも行う。また、地元の野菜や山の幸をふんだんに使った多菜田（直売所併設）は味も量も雰囲気も最高で、賑わっている。

二つの事例は、過疎化が進む農山村の生き残り方法を示唆している。消費者との顔の見える関係やエコツーリズムの可能性は広い。移住者と地元出身者の協働で、その扉が開かれていく。

2 新規就農者を育てるオーガニック朝市

名古屋市の繁華街・栄の都市公園に、愛知・岐阜・三重・静岡・長野の各県の有機農家が消費者に直接農産物を販売する朝市がある。名前は「オアシス21オーガニックファーマーズ朝市村」で、オーガニックファーマーズ名古屋が運営する。2004年10月に始まり、毎週土曜日の8時半~11時半に開かれる。現在の参加農家は62。07年からは、無農薬栽培が難しい果樹以外、新たな出店者は非農家出身の新規就農者に限定している。毎回の来客数はコロナ禍以前は約1200人で、年間売り上げは約7000万円だ。この朝市には四つの優れた特徴がある。

第一は、もちろん、豊富な種類の有機農産物を定期的に手に入れられる場が大消費地に存在していることだ。

第二は、その有機農産物の栽培方法がきちんと担保され、買う人が確認できることだ。それは、有機JAS制度に基づいて認証を取得した農産物が並んでいるという意味ではない。有機農業に精通した人物(朝市村の村長)とベテラン有機農家が自ら出店希望者の田畑に足を運んで栽培方法を聞き取り、納得した農産物のみが並んでいるのである。これは、提携における「顔の見える関係」を店舗販売で実現させたことを意味する。

第三は、農産物を販売する場であると同時に、就農相談コーナーが設けられ、新たに有機農業で生計をたてようとする非農家出身者の研修と就農の窓口となっていることだ。都市と農山村の実質的交流関係の創出と言ってもよい。すでに触れてきたように、若者の間で有機農業の人気は高い。また、愛知県内で研修する場合は、農水省の旧青年就農給付金（準備型）が取得できる。こうして、岐阜県白川町などの市町村に、就農への橋渡しを実現してきた。就農者はすでに約40人を超えた。

これらは他のオーガニックマーケットに見られない独自の機能であり、行政がこの朝市村を信頼している証でもある。とくに、高く評価したい。

第四は、日々進化していることだ。当初の隔週開催から毎週開催に進み、出店者が増え、品ぞろえもより魅力的になっている。さらに、ウイークデーの夕ぐれ市や病院にも広がった（コロナ禍以降は中止している。さらに名古屋市内への配送業務を始め、通販の準備中である）。こうして、健康により配慮すべき人も含めて安全で新鮮な農産物を供給し、「新しい公共」も担っていると言える。

その意味では、庁舎前の広場や公園などの公有地を無料で提供する自治体が増えてほしい。それは消費者のニーズに応えるとともに、有機農業の育成につながる。有機農業は環境保全や持続可能性の面で公共の利益に貢献するから、こうした公的支援を行うのに値する。

3 地域主義と田園回帰

2000年に地方分権一括法が施行されて以来、自治・分権改革、地方主権、最近では地方創生などの言葉がよく登場する。ところが、私たちが暮らす地域も自治体行政も、大きく変わってはいない。その理由は、制度ばかりに焦点があてられ、地域とは何かがリアルに理解されていないからではないだろうか。

では、地域とは何か。約40年前、経済学者の玉野井芳郎が中心になって「地域主義研究集談会」という緩やかなグループを組織し、「地域主義」を提唱した。それは「既成のものの枠をこえた何かを視座におこうとして」おり、多くの人に注目されていく。彼らはこう述べた。

「地域主義とは、地域に生きる生活者たちが、その自然・歴史・風土を背景に、その地域社会または地域の共同体に対して一体感をもち、経済的自立性を踏まえて、みずからの政治的・行政的自律性と文化的独自性を追求することをいう」(玉野井芳郎)

「地域というのは、人が生き、働き、思考する場であり、…地域主義というのは、その場から、その存続の可能性を信じながら、関連する全体を見通すこと」(集談会世話人・古島敏雄)

当時もいまも、支配する「中央」と従属する「地方」という図式がある。ただし、地域主義は、劣った「地方」が優位に立つ「中央」に抵抗するだけではない。玉野井は言う。
「地域に自分をアイデンティファイする住民の自発性と実行力によって地域の個性を生かしきる産業と文化を内発的に創りあげる」

残念ながら、1985年の玉野井の死去や86年以降のバブル経済などによって、地域主義の思潮はほぼ姿を消す。だが、昨今の田園回帰する若者たちの発想・行動・感性を見ていると、地域主義は再びそこに生きていると強く感じる。彼らは、農林業であれ地場産業であれ自治体の仕事であれ、まっとうなものをつくり、広めるという倫理観と、適切なビジネス感覚(＝経済的自立)をもちあわせている。彼らが目指すのは、新自由主義に基づく弱肉強食の世界と対極にある、「共」的存在(コモンズ)をベースとした社会だ。それは地域主義が提起した社会像でもある。

玉野井らが編んだ『地域主義——新しい思潮への理論と実践の試み』(学陽書房、1977年)という本は冒頭で、「〈地域〉という漢語によって眼前にうかぶ表象は、どこか硬く、冷たく、そして乾いている」と述べる。だから、それを生身(なまみ)の生活の場に取り戻そうとしたのだ。同様に、自治・分権改革も地方主権も地方創生も、硬く、冷たく、乾いている。それを軟らかく、温かく、潤いをもって地域に埋め込んでいくのは、田園回帰した若者たちの役割だ。彼ら・彼女らの多くは、そうした感性と能力と技をもっている。

4 高畠で三つの発見

2019年8月に有機農業の調査で山形県高畠町を訪れた。高畠町は、埼玉県小川町や茨城県旧八郷町(現石岡市)などと並んで、有機農業が盛んなことで有名だ。農民詩人として知られる星寛治さんの著作や映画などを通して、ご存知の方も多いだろう。ぼくは何回も訪れているが、そのたびに新たな発見があり、勉強になる。今回、印象に残ったことを三つ紹介したい。

第一に、町役場が有機農業を非常に好意的に捉え、以前と比べて有機農業によるまちづくりに、かなり力を入れるようになっていた。

「有機農業がクローズアップされたことで、町民の意識が変わりました。かつては、一般農家に有機農家への排除意識がありましたが、いまは一切ありません」(農林振興課の課長)

こうした変化は各地で起きている。有機農業推進法の成立は、それを後押ししてきた。

行政がバックアップして、女性や新規就農者を含む若者が町の農業ビジョンを話し合う「農活未来ワークショップ」を三回、開催。11月には、やはり若者中心で「たかはたオーガニックラボ」を開いた。その目的は、食べものや食べ方をとおして、生き方を考え、コミュニティを強固にしていく意識を生み出すこと。期待できそうだ。

第二に、駅から遠く、条件が不利な中山間地域の上和田地区で、若手生産者(後継者)が増えていた。1986年に設立した上和田有機米生産組合では、組合員40名のうち13名が20代・30代なのだ。他の仕事を辞めて家業を守るために戻ってきた30代もいれば、大学を卒業してすぐ就農する若者もいる。

「いまの若者は価値観が変わってきたと思います。(いい意味で)物欲がありません。それと、世の中に食べもの自体はあふれているなかで、親父たちが本物の食べもの(つまり有機農産物)を探求してきたことに気づいているのでしょう」(生産組合のリーダー)

都市生活者の価値観の変化については多くの人たちが指摘しているが、農村部出身者にも同様な動きがみられるというのだ。重要な意見である。

第三に、美味しくて安全な野菜は多少高くてもよく売れるという事実を改めて確認した。ある60代の女性は、100品目程度の有機野菜を作り、近くの直売所でも販売している。その夫は「うちのかあちゃんの値付けは強気なんだ」と言う。直売所で見ると、確かに他の人の野菜より1~3割高い。でも、けっこう減って(売れて)いた。買い手は近所の方たちだ。味が評価されているからにちがいない。

高畠町の有機農業から目が放せない。

5 幸せを生みだす市民的経済

ぼくが共同代表を務めるアジア太平洋資料センター(PARC)では2015年から、「ニューエコノミクス研究会」を行っている。市民の手で、既存の経済とは異なる仕組みをつくるための理論や実践を学ぶことが目的である。

先日は「イタリア市民的経済論の挑戦」というタイトルで、中野佳裕さん(早稲田大学地域・地域間研究機構次席研究員)が報告した。市民的経済では、社会全体の幸せの観点から経済を考える。彼は18世紀の作家・哲学者・経済学者のアントニオ・ジェノベシを紹介しつつ、公共の信頼が経済発展の真の条件であると述べた。ここでいう幸せは、happinessとは異なる。happinessはto happenに由来し、刺激を受けて一時的快楽が増加する状態を指す。一方、市民的経済では幸せを「関係性に基づく概念」と捉える。それは生の成熟や開花であり、自分の生き方を通して社会全体も幸せになっていくことで持続する満足感だと言う。

資本主義経済のもとで、こうした市民的経済は理想にすぎないと考える人が多いかもしれない。でも、ぼくはそう思わない。いま各地に広がりつつある社会的企業はその現れだろう。社会的企業の活動領域は、福祉・環境・仕事づくりなど多様だ。いずれもコミュニティを基盤とし、制度（行政）と市場（ビジネス）の力をともに活用して社会問題を解決していく。働く人たちの満足感（幸せ度）は概して高い。

それはいま、ヨーロッパでも韓国でも急速な広がりをみせている。韓国には社会的企業育成法という法律があり。雇用創出の一環として捉えられている。田園回帰を志向する若者たちの多くは、こうした働き方を求めている。どこかの市町村が社会的企業育成条例を制定すれば、きっと話題を呼び、移住者が増えるにちがいない。

実際、市民的経済は決して都市部だけで成り立つ概念ではない。むしろ農村部で、地域資源や農的環境を大切にしながら小さな仕事を生みだすのに向いているだろう。

たとえば２０１６年の春、東京電力福島第一原子力発電所から約50㎞に位置する二本松市東和で、親しい友人の60歳近い有機農家が農家民宿を始めた。目指すは「里山と都市をつなぐ体験交流」。棚田の学校、大豆な（大事な）学校など、春夏秋冬にわたって豊富な体験メニューを用意している。オープンセレモニーには集落の方々から首都圏の仲間までが訪れ、深夜まで会話と自産食材で作られた料理、地酒を楽しんだ。翌朝はすぐ近くの里山で竹の子を掘り、畑でイチゴ狩り。この農家民宿は間違いなく市民的経済の実践であり、農をフルに生かした社会的企業である。

6 自由貿易VS保護貿易を超えて

トランプ氏が米国大統領に就任してしばらくの間、自由貿易や保護貿易という言葉が新聞に載らない日はほとんどなかった。政府関係者やビジネスマンだけでなく、多くの人びとが程度の差はあれ、現在の自由貿易は正しいと思ってきただろう。だが、ＴＰＰや米国とＥＵの自由貿易協定であるＴＴＩＰを見ていると、そうとは言えない。識者や外国政府首脳が喝破している。

「ＴＰＰもＴＴＩＰも、自由貿易ではなく、特定の集団のために『管理』された貿易であり、人びとには何ら利益はない」（ノーベル経済学賞を受賞したジョセフ・Ｅ・スティグリッツ氏）

「ＴＴＩＰは自由貿易の話ではなく、協定でさえありません。これは基本的に、アメリカと欧州連合の経済エリート間の、国民の意思に反する連中の権益を守るための取引です」（ドイツのシグマール・ガブリエル副首相兼経済・エネルギー相）

ＴＴＩＰとは大西洋横断貿易投資パートナーシップ協定。米国とＥＵの間で、互いの市場に存在する規制や関税を削減・撤廃する目的で交渉されていた協定である。交渉は結局合意されず、米国とＥＵの間では新たな貿易協定の交渉を行うことが、２０１８年7月に合意された。

周知のように、日本と米国との二国間自由貿易協定交渉の出発点はＴＰＰで譲歩した水準だから、きわめて厳しい内容になった。米国で価格競争力があるのは農産物なので、その輸出拡大を迫ってきたのだ。言うまでもなく、地域を支える農業は守られなければならない。ただし、問題の本質は、自由貿易か保護貿易かという対立ではない。

今後は、貿易の在り方を根本的に考え直す必要がある。端的に言えば、環境や人権を守り、貧困・格差を是正する新たな貿易ルールが求められているのだ。衆議院議員を三期務めた国際政治学者の首藤信彦氏は共著書『自由貿易は私たちを幸せにするのか?』(コモンズ、２０１７年)で、貿易は以下の四点に配慮しなければならないと言う。

「環境保全に貢献するか、人権や人道に悪影響を与えないか、人びとの健康を守ることに寄与するか、国連が採択した『持続可能な開発のための17の目標』と矛盾しないか」

同感である。この視点から、貿易のみならず、産業の在り方も再検討していきたい。そして、日本がまず目指すべきは、これらの条件を満たした、東アジア地域(中国・韓国・北朝鮮・台湾・香港・モンゴル)での公正貿易協定(プラス非核地帯)である。トランプ氏のようなナショナリズムの主張とは異なる観点から、自由貿易を見直していこう。食と農の自立は、その第一歩である。

7 住民参加で創る公共図書館

図書館とは文化と生涯学習の拠点であり、まちづくりの一環として位置づけられるべきである。たとえば、視察者が多いことで知られる岩手県紫波町の図書館は東北本線紫波中央駅前の複合施設の一画にあり、コンセプトは「知りたい」「学びたい」「遊びたい」の支援。三本柱は、①子どもたちと本をつなぐ、②地域資料の収集・保存、③地元の産業支援だ。もちろん直営で、企画課の下にあるという（企画課の下にあることについては賛否両論ある。首長の意向に左右されかねない懸念も生じる）。

一方で、「効率的な運営」を目指して、公共図書館の指定管理制度が広がるなかで（総務省の2015年調査では14・7％）、多くの問題が起きている。たとえば、非正規（臨時）雇用者の労働条件、指定管理決定過程の透明性確保、図書館にふさわしくない内容の書籍の購入などだ。さらに、働く人たちの権利が守られにくくなるという面もある。実際、受託会社最大手のTRC（図書館流通センター）では、図書館サポート事業部門従業員の98・5％が非正規雇用者である。

また、佐賀県の武雄市立図書館で大量の売れ残り中古書の購入が発覚したのは、記憶に新しいだろう。同市図書館の指定管理者はCCC（カルチュア・コンビニエンス・クラブ。傘下に蔦屋書店)だ。加えて、山口県周南市の新設市立図書館(指定管理者はやはりCCC)で、大量の中身が空洞なダミー本やディスプレイ用洋書の購入が明らかになった(ジャーナリスト日向咲嗣氏の報告)。

紫波町とこうした事例のどちらが住民のためになるかは明白だ。図書館内へチェーン店のカフェやレンタルビデオ店を併設することが本来のサービスではない。ベストセラー本を大量購入するのか、今後の社会を考える教養書・専門書をそろえるのか、司書の鑑識眼も問われる。本に関連するトークショーや映画会、ワークショップなどの開催もよいし(それらは図書館法3条で「実施に務めなければならない」と規定されている)、住民からカフェの要望があれば地元産食材を中心にした手作りの店の設置・運営を考えればよい。

福井県池田町では2017年6月に新図書館を整備するための企画委員会が始まり、これまで何度も町を取材してきた縁で、ぼくが委員長を仰せつかった。19名の委員のうち5名は一般公募で、本好きな方たち。地域を愛する移住者が多い。「勝手に図書館を考える会」から提案書も出されている。有機農業と林業が盛んな池田町にふさわしい、地元産木材で建てる図書館を一緒に創り上げていきたい。

それにしても、カルチュア・コンビニエンスとは象徴的な名前だ。文化とは決して、便利・手軽に生まれるものではない。

8 放牧制限をめぐって

『銀の匙 Ｓｉｌｖｅｒ Ｓｐｏｏｎ』という漫画をご存知だろうか。『週刊少年サンデー』で２０１９年まで連載され、テレビアニメや映画にもなった話題の作品だ。舞台は北海道の農業高校。さまざまな挫折を経験した若者が未知の農業を経験するなかで、動物福祉の観点を取り入れた放牧豚で起業するというストーリーである。

ヨーロッパでは、アニマルウエルフェア（家畜のストレスをできるだけ抑え、健康的な生涯が送れるような飼育方法）が一般的となっている。生産性と効率化のみを目的としてきたことへの反省である。日本でも、畜産を目指す若者（とくに非農家出身の新規参入者）の間で最近、放牧の人気が高い。以前は放牧と言えば牛だったが、いまでは豚も増えてきた。全国の養豚農家数に占める割合は３％とまだ少ないけれど、薬剤に頼らず自然に近い形で育てるスタイルは消費者のニーズともあいまって、これからより広がるだろう。農水省自身「銘柄豚肉」のひとつとして位置づけてきた。

ところが農水省は２０２０年の５月、家畜の「飼養衛生管理基準」の改正案（７月決定の予定だった）に、唐突に牛や豚の放牧制限を打ち出した（「大臣指定地域においては、放牧場、パドック等における舎外飼養を中止すること」)。豚熱(豚コレラ)やアフリカ豚熱の感染拡大を防止するためというのが理由だが、多くの専門家が指摘するように、放牧豚のほうが感染しやすいというデータはない。防疫と放牧の両立は可能である。この制限は、放牧養豚生産者の経営に大きな打撃を与え、そうした肉を食べたいという消費者の権利も侵害する。

放牧された豚は生理的欲求に従って地面を掘り起こして土を肥やす。増加し続けている耕作放棄地が解消でき、草地・森林を含む農地を低コストで維持できる。国土保全としても有効性が高い。

また、農水省のこの方針は、効率化のみを重視してきた工業型近代畜産の根本的問題(隔離・薬剤投与・生き物としての家畜の軽視)を如実に示し、鳥インフルエンザのときの対応と同根である。新型コロナをめぐって問われている免疫力をいかに高めていくかに逆行する動きにほかならない。

放牧養豚農家の多くが「科学的根拠が示されていない」「経営に大きな影響を与える」と反対し、動物愛護に尽力してきた女優の杉本彩さんはじめ、消費者からも多くの疑問が出された。それらを受けとめ、拙速な導入を避け、方針を見直したことは評価したい。ただし、よく練られないまま誤った方針が一時的とはいえ農水省から出されたことは大きな問題である。

エピローグ

二人の師匠に学ぶ――高松さんと明峯さんと、ぼくの活動

一 「たまごの会」との出会い

ぼくが「たまごの会」の名前を知ったのは学生時代、1970年代末だったと思う。明確な時期は定かではないが、『講座農を生きる3 〝土〟に生命を』(三一書房、79年)に収録されていた明峯哲夫[1]さんの文章であることは間違いない。

そのころのぼくが熱中していたのは、大学では学費値上げ反対運動、学外では全国自然保護連合や日韓連帯連絡会議などの市民運動だ。同時に、経済成長に偏重した産業社会には未来がないと確信していたので、それを乗り越える道を模索していた。そして、農という言葉に惹かれてこの本を古本屋で買い、「農村と都市の連帯を求めて――たまごの会」という節に出会ったのである。たとえば、彼のこんな表現に深く影響された。農業を知らないにもかかわらず……。

「今私たちが腐敗した近代農業を拒否し、新たなる農業を構築しようとするならば、何をな

すべきなのか。それは、資本により与えられた価値観の上に無批判にのっかり、つかのまの物的豊穣さに酔いしれている私たちの日常性をこそ対象とする闘いを構築することであろう」

同じころ、高松修[2]さんの名前も知った。集会かもしれないし、雑誌の文章かもしれない。その後『たまご革命』(たまごの会編、三一書房、1979年)の「〝たべもの〟の危機をどうとらえるか」を読んで、凄いと思った。知らないことがたくさん書いてある。とくに、「「たまご」に「殻を破り、新しい生命を生み出す源」という意味を込め、〝土を活かす〟文化を目指す人を「たまご」と呼ぶことにした」という発想に感銘を受けた。

こうして、二人の名前がぼくの頭に深く刻み込まれた。二人はたまごの会の卓越したリーダーなのだ！　もちろん、二人がある時点で対立関係になっていたことなど知る由もない。

たまごの会は1970年代後半から80年代に、生産と消費が分断され薬剤が多投される食と農の在り方に疑問をもつ都市生活者に大きな影響を与えた、有機農業による食べものの自給を目指すグループである。彼らを描いた記録映画『不安な質問』も、インパクトが強かった。

二　高松さんとの20年間

出会いは後だが、親しくなったのは高松さんが先だ。ぼくは大学を一年留年した後、学陽書房という出版社に1980年に就職した。本は好きだったけれど、編集者に興味があったわけではない。目指していた高校教員の試験に合格できず、腰かけのつもりだった。

入社二年目に玉野井芳郎さんが、「これからは有機農業が重要になるから、その研究会をしたい」と提案する。当時の社長は有機農業という言葉を知らず、直属の上司は最若手のぼくに担当を命じた。そして、玉野井さんが「高松修さんの話を聞きたいから、コンタクトをとりなさい」と言ったのだ。ほどなく三人で会う。ところが、高松さんは激しく玉野井さんに反論し、研究会には入らなかったのだ。舌鋒の鋭さは想像どおりだったが、思い描いていた風貌とは違い、大学教員らしくなかった。初めはおとなしかったけれど、だんだん興奮していったのを覚えている。その後ぼくは、同じような場面に何度も出会うことになる。

１９８０年代末から急速に親しくなった。理由は二つ。ひとつは日本子孫基金の活動、もうひとつは85年に高松さんが始めた八郷（茨城県）の田んぼだ。当時の日本子孫基金は輸入食品やポストハーベスト農薬問題で先端的な活動をしていて、高松さんは知恵袋、ぼくは活動のアドバイスや代表の小若順一さんの本の編集者をしていた。運動の方向性をよく話し合い、終了後は必ず飲んだ。米の輸入自由化を控えて一緒にタイへ調査に行ったり、93年の冷害後には星寛治さんとの共編著で『米――いのちと環境と日本の農を考える』を創ったりもした。

田んぼについて言えば、当初は田植えと稲刈りだけの参加だったが、だんだん面白くなっていく。当然、無農薬・無化学肥料栽培。まだ多くの有機農家が田んぼの雑草に悩んでいた時代だが、なぜか草が少ない。高松さんは毎年のように、新たな実験をしていた。深水にして一画に池を掘り、鯉に除草させたり、レンゲのすきこみと不耕起を組み合わせたり。もっとも、不耕起で土が固くなり、割箸で穴を開けて田植えしたときには閉口させられた。誰かが「オレたち原始人かな」と言って、みんなで笑ったのも、いまとなってはいい思い出だ。昼の休憩が2時間近くあり、ビールだけでなく、日本酒まで飲んだような気がする。

ぼくは1995年に会社を辞め、翌年コモンズを設立した。高松さんは96年3月に最後まで助手だった東京都立大学を退官する。在職当時は大学からかかってくる電話で延々話したが、辞めてから99年秋までは頻繁に会った。いつも突然、事務所に来る。環境ホルモンや遺伝子組み換え食品問題などで持論を述べ、ぼくにコメントを要求した。

1997年には10年ぶりに日本有機農業研究会の常任幹事になり、機関誌『土と健康』の編集長に就任。99年2月には茨城大会の実行委員長を務め、大成功させた。また、『有機農業ハンドブック』(農山漁村文化協会、99年)の企画の中心を魚住道郎さん・久保田裕子さんと担う(編集はぼくが担当した)。このころの有機農業運動は、高松さん抜きに語れない。

三　明峯さんとの24年間

明峯さんに初めて会ったのは1991年だ。93年に行われたTAMAらいふ21(多摩東京移管100周年記念事業)の一分野である「都市農業の新しい展開」の企画・コーディネートを、ぼくは広告代理店から頼まれた。シンポジウムの中身も人選も任せるという。都市農業と言えば、明峯さんが主宰するやぼ耕作団。夏に日野市の住まいを訪ねて、昼からビールを飲みながら話した。思い描いていたような、面白く、刺激的で、過激な、逞しい男だった。

これがきっかけで仲良くなる。1993年には『都市の再生と農の力――大きな街の小さな農園から』を編集・出版した。その3年前の『ぼく達は、なぜ街で耕すか――「都市」と「食」とエコロジー』（風濤社）は彼が講師を務めていた立教大学の講義録をまとめたもので、中身は豊かだが、とても分厚く、一般読者にはハードである。もっと読みやすい本にしたいと考えた。「餌付けされた都市」「環境を破壊する都市」「都市だから農業を」「大東京の小さな農園から」の4章から成るこの本は、明峯さんの「街を耕す」論の集大成だとぼくは思っている。

その後、「市民が耕す研究会」を主宰し、ぼくは事務局役を務める。その成果をまとめたのが、コモンズを創業して最初に出した二冊のうちのひとつ『街人たちの楽農宣言』（1996年である（もう一冊は『ヤシの実のアジア学』（鶴見良行・宮内泰介編著））。零細出版社にもかかわらず、初版2500部は完売した。このときの執筆メンバーの大半は、いまも街で耕し続けている。二人は横浜市で百姓になった。

1997年にやぼ耕作団が解散してから2005年ごろまで、明峯さんの社会的発言や執筆は急減していく。その間、予備校の教員をする以外は転居した鶴ヶ島市（埼玉県）の狭い自宅にこもり、小さな畑を耕しながら、次の方向性を模索していたのだろう。ぼくは一年に二回くらい会って飲み、さまざまな話題や本について語り合っていた。彼は専門書から教養書までよく読んでいた。あるとき言われた言葉が忘れられない。

「大江さんが、いまのぼくにとって、社会への数少ない窓口だよ」

ぼくは何とかしてもう一度、明峯さんの活躍の場をつくりたかった。そして、日本有機農業学会や農を変えたい！全国運動のリーダー的存在の中島紀一さんや本田廣一さん（10ページ参照）との出会いがあり、新たなステージが生まれていく。

コモンズで出していた『有機農業研究年報』の第6巻『いのち育む有機農業』（2006年）に書いた「鳥インフルエンザといのちの循環」は、多くの人たちに高く評価された。コロナ禍のいま、ウイルスとどう付き合うかを考える意味でもぜひ読んでほしい論文である。以後「ぼくが大事だと思うのは有機農業ではなく農業そのものだ」と言いながら、有機農業に関する発言・執筆・調査を14年の夏まで継続。『有機農業の技術と考え方』（コモンズ、2010年）では、四本の優れた独自性あふれる論稿を書き下ろした。

さらに、2011年の東日本大震災直後には中島さんやぼくと「地震・津波・原発事故を受けての呼びかけ」を行い、「それでも種を播こう」と訴える。13年の1月と2月には、原発事故と農業を考える公開討論会と公開シンポジウムを小出裕章さん（元・京都大学助教）や本橋成一さん（写真家・映画監督）らを招いて開き、「避難すれば、それですむのか」と問題提起。厳しい批判も受けたが、参加者に自らの生き方や農業・農村との関わり方と関係性を深く考えさせた。以後、コアな明峯ファンが増えていく。ぼくは二回ともコーディネーターを務めたが、聴衆の真剣なまなざしが印象に残っている。そこでの発言を紹介しておきたい。

「有機農業という土に対して非常に強い一体感をもつ方々は、「危険かもしれないけど、逃げるわけにはいかない」という第三の道を選択しているんですね。…そうやって福島の大地は守られることになるんだろうと、ぼくは考えます」(小出裕章・明峯哲夫ほか『原発事故と農の復興』コモンズ、2013年)

四　二人の方針はどこが違ったのか

たまごの会が二つのグループに分かれた理由について、ぼくはこう聞いてきた。

「高松さんは八郷の農業者たちと共に歩もうと考え、明峯さんはそれに否定的だった」

明峯さんが亡くなったのち、長く活動を共にした永田勝之さん(建築家)から、明峯さんが書いた『われらが世界の創造を』という冊子を送っていただいた。そこに収録された冊子タイトルと同じタイトルの文章(サブタイトルは80年代をどう生きるか)は、もともと『たまご革命』の最終章のはずだったが、不採用になったと「あとがき」に記されている。やはり、路線が違ったのだろうと考えながら読んだ。その後、魚住さんが書いた最終章「農民と共に歩む農業の原点」も改めて読んでみた。

読み比べると、率直に言って、魚住さんの文章のほうに大きく共感する。たまごの会の活動をどんな思いで始め、地域の農民とどうつながってきたか、侵さず・侵されない関係をどうつくりあげるかが、飾らない言葉で書かれている。一方、明峯さんの文体はアジテーションなのだ。「高度に発達した工業化社会は」と大上段に振りかぶり、「私たちの生活の場そのものが…支配しようとする資本と闘う主戦場となった」と断じ、「農民たちが…自らを解放させ…自主独立することだ」と評論家的に論じる(もっとも、これが書かれた1979年にはこうした文体に共感する人が多かっただろう。ぼくもその一人だった)。

ただし、たまごの会が1980年代に目指す方向性そのものには、大きな違いがないように思った。魚住さんは「周辺の農民を加えて自給していく」「農民と共に日本の農業の未来を切り拓き」と述べ、明峯さんも「私たちの農場も、その地域の何十人、何百人の人々とつながって」「新しい農村地域共同体の形成こそが、私たちをよりいっそう豊かに解放させていく」と述べる。とはいえ、文章全体からは魚住さんのほうにリアリティを感じる。

前述した『米――いのちと環境と日本の農を考える』に、ぼくは明峯さんにも書いてほしかった。ぼくは二人とも尊敬していたし、好きだったし、メッセージ力があるからだ。おそるおそる編者のひとり高松さんに提案すると、拍子抜けするほどあっさり、「大江さんがそう思うなら、いいよ」との返事。こうして、「街人よ、耕せ」を書いてもらった。発刊後の記念シンポジウムでは、二人がパネラーとしてほぼ10年ぶりに同席。たまごの会の古いメンバーから、ぼくは相当に感謝されたが、二人は終了後の飲み会で会話は交わさなかった。いまでは、三人でじっくり飲みたかったと強く思う。そして、なぜ袂を分かったのか直接聞きたかった。

それにしても、二人はよく似ていた（と言うと、どちらも「不本意だ」と反論するだろうが）。弁が立ち、敵を鋭く論破し、文章でも檄を飛ばし、人を引き付け、女性の信奉者が多い。反面、けむたく感じたり反発する人もけっこういたのは想像に難くない。

高松さんは胃がんの発覚から3カ月弱、明峯さんは食道がんの発覚から1カ月弱で、逝ってしまった。時代を駆け抜けた寵児とはいえ、いくらなんでも早すぎる。その後、活動を共にした明峯惇子さんから借りた『たまごの会の本』（たまごの会発行、1979年）を読んでいたら、明峯さんがこう語っていた。

「生きている物は必ず自己増殖させていく機能を持っているわけですね。その最たるものは癌細胞で、どんどん自己増殖をくりかえしていく。しかも〝異物〟としての自己の存在を強烈に主張しながら。そして生体全体の秩序を乱し、やがてうちたおす。つまり世の中の秩序を乱すなんとか派といわれるようなものです。そういう例えば癌細胞みたいな〝悪い〟存在に僕たちはなっていいんではないかと思うわけです」

この発言のように、二人とも自己の存在を強烈に主張しながら、世の中の秩序に反旗を翻し、癌細胞になろうとして、道半ばで癌細胞にやられた。強烈な存在も、癌細胞には勝てない。

五　高松田んぼとアジア太平洋資料センター

高松さんが中心になって、都市住民が週末の通いで稲を育ててきた田んぼを、死後に絶やすわけにはいかなかった。だが、メンバーたちは高松さんに完璧に依存してきたので、しばらくはとても苦労した。雑草が繁茂し、ヒエも多い。草の間から数少ない稲を刈ったこともあるし、8月下旬に猛暑の中でヒエ抜きしたこともある。これらのときは、気持ちも体も本当にしんどかった。リーダーは疲れて頻繁に交代し、参加者も徐々に減っていく。田植えは、ぼくが理事を務めているアジア太平洋資料センター（ＰＡＲＣ）が行う「自由学校」の一コマにし、受講生を動員して乗り切ったが、収量は以前より大幅に落ちた。

そもそも、このやり方には無理がある。リーダーの家も田んぼから車で15～30分かかったし、仕事も忙しい。数日に一回見てもらうようにしていたけれど、日常的な水管理ができなかった。だから、草が生えるのだ。結局、魚住さんから、田んぼの近くに住む新規就農者・大谷理伸君を紹介していただき、彼が八郷の責任者、ぼくが都市側の代表になることに決定。この体制で数年続けた。その後、大谷君も多忙になり、２０１４年からはたまごの会を引き継いだ「暮らしの実験室やさと農場」にお世話になっている。

このように紆余曲折はあったものの、なんとか高松さんの遺志を継ぐことはできてきた。都市生活者が農に親しむ入り口の場ともなっている。メンバーは大幅に変わり、高松さんを知る人のほうがずっと少ない。現在の多数派はPARC自由学校で、ぼくが講師をしたクラスや「東京で農業」という低農薬の野菜作りを学んだクラスの元受講生である。

名前はいまも「高松田んぼ」。これは、ぼくが関わるかぎり変えるつもりはない。稲作のやり方も基本は以前と同じ。保温折衷苗代で成苗を育て、5月末に原則1本植え(手植え)。翌週から、ほぼ1週おきに3回程度草取りをする。手押し除草機と手取りの併用だ。収穫はバインダーと手刈り。天日乾燥して、毎年美味しく食べている。人数が多く集まるときは、食事当番を出して、暮らしの実験室での楽しく美味しい昼食。ゆっくり休める。収量は6俵程度に減ったけれど、味の良さは変わらない。ぼく自身は、米は自給できている。また、誰におすそ分けしても「本当に美味しかった」と言われる。この言葉を聞くのが、何よりうれしい。

PARCは、南の国の人びとと北の国の人びとが対等・平等に生きられる社会を目指して、たまごの会より1年早い1973年に結成された老舗のNGOだ。結成メンバーは、「ベ平連(ベトナムに平和を!市民連合)」で活動していた、小田実さんや武藤一羊さん、鶴見良行さんたちだ。

現在は、自由学校の企画・開講、開発教育教材としてのDVD作品の制作、新自由主義やグローバリゼーションなど内外の課題の解決に向けた政策提言やキャンペーン、調査研究などを行っている。ぼくは会社を辞めた直後に会員となり、2011年に共同代表になった。本書で何度か触れた自由学校は、世界と社会を知り、公教育が教えない本当の知識・知恵と生きる術を伝え、新たな価値観や活動を生み出す場。1990年代末からは、環境問題や農の分野に力を入れてきた。ぼくが担当するクラスを経て、地方へ移住した受講生も少なくない。

ぼくは学生時代に友人をさまざまな活動に誘い、何人かの人生が変わった。それには複雑な思いがあり、就職後は市民運動から遠ざかる。もっぱら書籍の編集・発行という仕事を通して、社会を変えようと志した。それは、就職後180度転向した多くの全共闘世代への批判でもある。しかし、40代になって、以前とは違うスタイルで再び社会運動に関わるようになった。そこでは、次の三つを強く意識している。

第一は、言葉や文章だけで過激にならないことだ。できるだけ普通の表現で、わかりやすく語るとともに、無意味に敵をつくらないようにしてきた。

第二は、所属している組織やグループを極力、分裂させないようにすることだ。いろんな考えの人たちがいて当然であり、大きな部分では同じ方向を目指しているのだから。もっとも、これはなかなかうまくいかない。実際PARCも2008年に組織分割を行っている。非常に尊敬する親しい人たちが、何人も退会した。でも、ぼくはその人たちとも本音で付き合い続け、仕事もしている。

第三は、尖った発想や人物を大切にしつつ、各組織や地域で少しずつ周囲に働きかけている人の意見や立場をふまえることだ。その結果として、たくさんの人を仲間にしていきたい。

こうしたあり方は、高松さんや明峯さんの思考や活動と一見、異なるように見えるかもしれない。だが、晩年の二人はそうしたスタンスにも近づいていたと、ぼくは感じている。もちろん、ぐさっと突き刺さる鋭い指摘や酔ったときの激しい物言いも、最後まで健在だったけれど。

ぼくが2008年に書いた『地域の力――食・農・まちづくり』(岩波新書)は高松さんに、15年に書いた『地域に希望あり――まち・人・仕事を創る』(岩波新書)は明峯さんに、それぞれ捧げられている。

(1) 1946年生まれ。都市住民による自給農場運動に参加しながら、人間と自然、人間と生物との関係、農の本源性、暮らしのあり方などについて論究を重ねてきた。主著=『やぼ耕作団』(風濤社、1985年)、『ぼく達は、なぜ街で耕すか』(風濤社、1990年)、『有機農業・自然農法の技術――農業生物学者からの提言』(コモンズ、2015年)、『生命(いのち)を紡ぐ農の技術――明峯哲夫著作集』(コモンズ、2016年)など。

(2) 1935年生まれ。「石油タンパクの禁止を求める連絡会」の設立にも関わり、日本有機農業研究会の常任理事を長く務めるとともに、茨城県八郷町で有機農業による米作りを行った。主著=『石油タンパクに未来はあるか――食と土からの発想』(績文堂、1980年)、『有機農業の事典』(共編著、三省堂、1985年)、『有機農業の思想と技術』(コモンズ、2001年)など。

あとがき

この本は、ぼくがこの約10年間に求められて書いてきた農業や社会の在り方に関する論稿をまとめたものです。初出一覧を見るとおわかりいただけるように、農業専門誌ばかりではありません。貫くテーマは有機農業です。それは、農について考えようとする人たちが多くなってきたことを意味しているでしょう。いずれも必要に応じて加筆・修正し、新しいデータに改めています。とくにⅥの2とⅦは大幅に追加しました。この本を創ろうと思ったのには、おもに二つの理由があります。

ひとつは新型コロナ問題です。コロナ禍が私たちに突き付けた事態を前にして、これまでも主張してきたことですが、持続可能な社会と農業への転換と食の自給拡大(輸出志向の産業型農業ではなく、多品種少量生産・中品種中量生産型農業の重視)が不可欠だとより強く思いました。その際、環境を破壊せず、いのちを大切にし、地域を元気にする有機農業が問題を解決する道であることを強く主張するべきであると考えたからです。

もうひとつはきわめて個人的な事情です。今年の3月に生まれて初めて大きな病気をしました。完治はしていません。治療は続いています。体と何とか折り合いをつけながら暮らしている状態です。改めていのちの有限性と真剣に向き合ったとき、これまでの仕事をまとめておこうという気持ちが湧いてきました。

収録したなかには2010年前後の論稿もあります。それは東日本大震災や中国産食材バッシングなどを忘れてほしくないと思っているからです。高度経済成長と原子力発電が引き起こした災害、海外に食べものを依存する生活の脆弱さが露わになったにもかかわらず、いまでは多くの日本人が同じことを繰り返しているではありませんか。

この本は、ぼくが一貫して考え発言してきたことの集大成でもあります。かつて、有機農業はもとより、都市農業の大切さや非農家出身者の就農増加、田園回帰への着目は異端視されましたが、いまではすっかり定着しました。

そして、高校生や大学生、若い社会人の方々にもぜひ読んでほしいと考えています。第一次産業を大切にしない国に未来はありません。ページ数に限りがあるので言及できなかったけれど、自給率や農地の荒廃に加えて、種子や労働力まで海外や外国人技能実習生・研修生に依存している現実を直視してください。そのうえで、社会の在り方と個人の生き方を見つめ直してみませんか。

なお、初出一覧は以下のとおりです。転載にあたり一部のタイトルを変えました。

プロローグ「日本有機農業学会の20年を振り返って」『耕』148号、2020年。
Ⅰ「食・農・地域を守る思想」『守る――境界線とセキュリティの政治学』風行社、2011年。
Ⅱ―1「全量地元産有機米の学校給食と有機農業●いすみ市」『有機農業大全――持続可能な農の技術と思想』コモンズ、

２０１９年。
Ⅱ―2「ソウル市の学校給食における有機農産物導入政策から学ぶこと」『農業と経済』２０２０年9月号。
Ⅲ―1「中山間地域こそ有機農業：島根県を事例に」『有機農業研究』第7巻第2号、２０１５年。
Ⅲ―2「多面的な有機農業の展開：埼玉県を事例に」『有機農業研究』第10巻第2号、２０１８年。
Ⅳ―1「農を志す若者たち」『都市問題』２０１４年7月号。
Ⅳ―2「脱成長と田園回帰」『アジェンダ―未来への課題―』２０１５年秋号。
Ⅳ―3「地域の希望を創る――田園回帰と有機農業」『技術と普及』２０１８年2月号。
Ⅴ―1「放射能に克つ農の営み――苦悩のなかから福島に見えてきた光」『月刊自治研』２０１２年3月号。
Ⅴ―2「内発的復興と地域の力」『地域の内発的復興・発展～農山村と都市の新しい結びつきを考える』ＣＳＯネットワーク、２０１４年。
Ⅴ―3「耕す市民の力―あとがきに代えて」『持続可能な社会をつくる共生の時代へ――農の力と市民の力による地域づくり』ＣＳＯネットワーク、２０１３年。
Ⅵ―1「本来の農を育てる協同組合になってほしい」『農業協同組合経営実務』２０１１年4月号。
Ⅵ―2「都市農業のいま」『日本農業新聞　現場からの農村学教室』２０１７年4月23日。
Ⅶ―1「震災復興が語る農山村再生」『町村週報』２９０５号、２０１５年。
Ⅶ―2「新規就農者を育てるオーガニック朝市」『町村週報』２９４８号、２０１６年。
Ⅶ―3「地域主義と田園回帰」『町村週報』３０２０号、２０１７年。
Ⅶ―4「高畠で三つの発見」『町村週報』３０９５号、２０１９年
Ⅶ―5「幸せを生みだす市民的経済」『町村週報』２９６３号、２０１６年。

Ⅶ―6「自由貿易VS保護貿易を超えて」『町村週報』2991号、2017年。
Ⅶ―7「住民参加で創る公共図書館」『町村週報』3005号、2017年。
Ⅶ―8「放牧制限をめぐって」『町村週報』3124号、2020年。
エピローグ「二人の師匠に学ぶ」『場の力、人の力、農の力。』コモンズ、2015年。

最後に転載を許可いただいた関係者の皆さんと、制作を手伝ってくださった浅田麻衣さんにお礼申し上げます。

2020年9月

大江正章

【著者紹介】

大江正章(おおえ・ただあき)
1957年　神奈川県生まれ。
1980年　早稲田大学政治経済学部政治学科卒業。
　学陽書房勤務を経て、1996年にコモンズ創設。コモンズは、環境・農・食・アジア・自治などをテーマに、経済成長優先社会を問い、暮らしを見直すメッセージと新たな価値観・思想をわかりやすく伝えることをモットーとした出版社(2009年に梓会出版文化賞特別賞受賞)。また、中山間地域から都市部までの広い範囲で、地域づくりや農業の現状、農に親しむ市民、本来の公共のあり方などについて、取材・考察・執筆している。
現　在　コモンズ代表、ジャーナリスト、アジア太平洋資料センター(PARC)共同代表、全国有機農業推進協議会理事、農林水産政策研究所客員研究員。
主　著　『農業という仕事――食と環境を守る』(岩波ジュニア新書、2001年)、『地域の力――食・農・まちづくり』(岩波新書、2008年)、『地域に希望あり――まち・人・仕事を創る』(岩波新書、2015年、農業ジャーナリスト賞受賞)、『くわしくわかる!食べもの市場・食料問題大事典』(監修、教育画劇、2013年)、『新しい公共と自治の現場』(共著、コモンズ、2011年)、『政治の発見⑦守る――境界線とセキュリティの政治学』(共著、風行社、2011年)、『田園回帰がひらく未来――農山村再生の最前線』(共著、岩波ブックレット、2016年)、『有機農業をはじめよう!――研修から営農開始まで』(共著、コモンズ、2019年)、『有機農業大全――持続可能な農の技術と思想』(共著、コモンズ、2019年)など多数。

有機農業のチカラ

二〇二〇年一〇月三〇日　初版発行

著　者　大江正章

発行者　大江正章
発行所　コモンズ
東京都新宿区西早稲田二―一六―一五―五〇三
TEL〇三(六二六五)九六一七
FAX〇三(六二六五)九六一八
振替　〇〇一一〇―五―四〇〇一二〇
info@commonsonline.co.jp
http://www.commonsonline.co.jp/

印刷・加藤文明社/製本・東京美術紙工

乱丁・落丁はお取り替えいたします。
ISBN 978-4-86187-168-9 C0036

＊好評の既刊書

有機農業大全　持続可能な農の技術と思想
●澤登早苗・小松﨑将一編著　本体3300円＋税

有機農業の技術と考え方
●中島紀一・金子美登・西村和雄編著　本体2500円＋税

有機農業をはじめよう！　研修から営農開始まで
●有機農業参入促進協議会監修、涌井義郎・藤田正雄他　本体1800円＋税

種子が消えればあなたも消える　共有か独占か
●西川芳昭　本体1800円＋税

地域を支える農協　協同のセーフティネットを創る
●高橋巌編著　本体2200円＋税

明峯哲夫著作集　**生命（いのち）を紡ぐ農の技術（わざ）**
●明峯哲夫　本体3200円＋税

自由貿易は私たちを幸せにするのか？
●上村雄彦・首藤信彦・内田聖子ほか　本体1500円＋税

ごみ収集という仕事　清掃車に乗って考えた地方自治
●藤井誠一郎　本体2200円＋税

カタツムリの知恵と脱成長　貧しさと豊かさについての変奏曲
●中野佳裕　本体1400円＋税